原画作品　绘制：王子昕

多格漫画

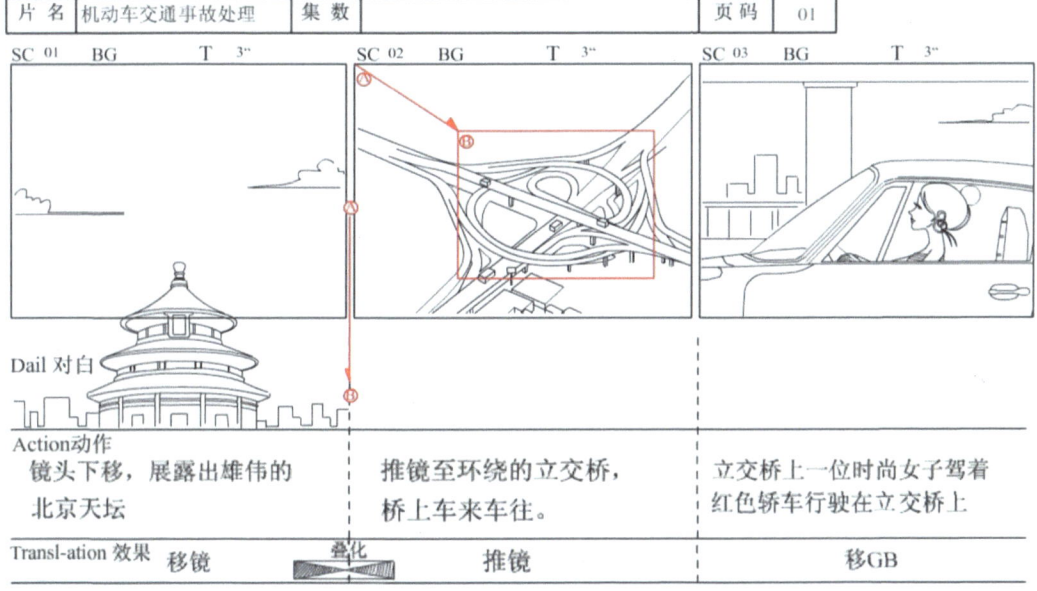

动画分镜　绘制：缔绎传媒—刘军

教育部中等职业教育改革创新示范教材
动漫设计与制作职业教育新课改教材

Flash 动画运动规律与原画绘制

张 峤　桂双凤　编著

机械工业出版社

本书是经过出版社初评、申报，由教育部专家组评审、教材遴选工作领导小组审定确定的首批"教育部中等职业教育改革创新示范教材"。

本书介绍了动画的规则、原理、套路和方法，以拓宽动画制作者的思维，创作出更好的作品，内容包括原画的基础，运动规律和动作设计，走、跑、跳的基本动作，角色的面部表情，各种手型的绘制，动物的动作，自然现象的规律，各种特效的技法，原画的展示。

本书内容丰富、结构清晰、实例典型、讲解详尽，富有启发性。本书以诙谐、幽默的叙述方式，配合生动的插画图例，将动画绘制中的难点轻松化解，使读者更易上手。

本书可作为职业院校艺术专业、计算机相关专业教材以及社会学员培训教材，也可作为从事动画设计初、中级用户的参考用书。

本书配有教师授课用电子课件及教学参考资料包（源文件、助教视频），可到机械工业出版社教材服务网（www.cmpedu.com）以教师身份免费注册并下载，或联系编辑（010-88379194）索取。

图书在版编目（CIP）数据

Flash 动画运动规律与原画绘制/张峤，桂双凤编著.
—北京：机械工业出版社，2010.7（2025.3 重印）
教育部中等职业教育改革创新示范教材
动漫设计与制作职业教育新课改教材
ISBN 978-7-111-31231-4

Ⅰ. ①F... Ⅱ. ①张... ②桂... Ⅲ. ①动画—设计—图形软件，Flash Ⅳ. ①TP391.41

中国版本图书馆 CIP 数据核字（2010）第 130848 号

机械工业出版社（北京市百万庄大街 22 号　邮政编码 100037）
策划编辑：蔡　岩　孔熹峻　责任编辑：梁　伟
责任印制：单爱军
北京虎彩文化传播有限公司印刷
2025 年 3 月第 1 版第 12 次印刷
184mm×260mm ·11.5 印张 ·278 千字
标准书号：ISBN 978-7-111-31231-4
定价：45.00 元

电话服务	网络服务
客服电话：010-88361066	机 工 官 网：www.cmpbook.com
010-88379833	机 工 官 博：weibo.com/cmp1952
010-68326294	金 书 网：www.golden-book.com
封底无防伪标均为盗版	机工教育服务网：www.cmpedu.com

前 言

本书是经过出版社初评、申报、由教育部专家组评审、教材遴选工作领导小组审定确定的首批"教育部中等职业教育改革创新示范教材"。

近年来,随着国民经济发展水平的提高和教育改革的不断深入,我国的职业教育发展迅速,进入到了一个新的历史阶段。国家对职业教育的改革与发展提出了明确的要求,倡导"以职业能力为本位,以就业为导向"的教育观念,促进职业教育更好地满足劳动力市场的需要。

为了适应全面推进素质教育、深化职业教育教学改革的需要,提高职业院校教学质量,培养"具有综合职业能力强,在生产、服务、技术和管理第一线工作的高素质的劳动者和初、中级专门人才",我们依据教育部计算机及应用专业、计算机网络技术专业、电脑美术设计与制作的职业教育新课改要求,编写了此书。本书在编写上具有以下特点:

1) 选择适合教学、难度适中的典型产品、服务等项目作为教学实例。

2) 将技术与艺术相结合,使读者能够更好地理解运动规律。

3) 适应行业技术发展,体现教学内容的先进性和前瞻性。在书中注意突出本专业领域的新知识、新技术、新软件,尽可能实现专业教学基础性与先进性的统一。

全书共分为12章,1~3章介绍原画的基础、运动规律和动作设计的知识。第4章介绍走的动作,正面、侧面的各种走法。第5章介绍跑的基本动作,分别从卡通、Q版人物的正面跑、侧面跑、特效跑方面系统介绍了各种跑法的规律。第6章详细介绍侧面跳、正面跳、休闲跳等方法。第7章介绍喜、怒、哀、乐的详细画法,而且从口、眼、鼻、耳的各种动态详细介绍绘制方法。第8章从写实风格、卡通风格、Q版风格介绍手的绘制过程。第9章介绍小狗的各种运动,四肢类动物、飞行动物、爬行动物和鱼类的各种运动规律。第10章介绍多种火的燃烧效果、各种水的流动规律及风、雨、雷、电的各种变化和烟雾、爆炸效果的规律。第11章介绍各种旗帜的飘动、速度线的制作、打斗特效、抽打特效、撞击特效、喷火特效、光芒特效、电击充屏特效、爆炸后的烟雾特效、恐怖的特效和烟雾遮屏效果的具体绘制。第12章介绍原画的展示,包括特效背景的展示,意向背景的展示,道具、物品的展示。

由于编者水平有限,书中难免有纰漏和不足之处,欢迎读者批评指正。

编 者

目 录

前言

第1章 关于动画的介绍 …………… 1
1.1 传统动画和 Flash 动画 ………… 1
1.2 原画与中间画 ………………… 3
1.3 动画中的"一拍一"和"一拍二" … 3
1.4 矢量图与位图 ………………… 4

第2章 原画的基础 …………………… 5
2.1 透视的基本概念 ……………… 5
2.2 色彩的构成 …………………… 6
2.3 色彩的情感 …………………… 7
2.4 动画角色的基本画法 ………… 10
2.5 物品场景的基本画法 ………… 12
实训1 绘制写实风格的汽车 …… 15

第3章 运动规律和动作设计 ……… 22
3.1 小球的运动规律和空间幅度 … 22
3.2 转头的小例子 ………………… 22
3.3 手、脚的经典小错误 ………… 23
3.4 撞击的小例子 ………………… 24

第4章 走的基本动作 ……………… 25
4.1 侧面的走法 …………………… 25
实训2 侧面的基本走法 ………… 28
4.2 卡通人物的行走(向下位置法) … 31
4.3 Q版人物的行走 ……………… 33
4.4 侧面的各种走法 ……………… 34
实训3 鬼鬼祟祟的走法 ………… 35
4.5 Q版的鬼鬼祟祟走法 ………… 36
4.6 卡通版劳累的走法 …………… 37
4.7 Q版劳累的走法 ……………… 39
4.8 正面的走法 …………………… 39

实训4 正面的基本走法 ………… 41
4.9 卡通正步走 …………………… 43
4.10 逐帧的脚步分解图 …………… 44
4.11 Q版正面的行走 ……………… 44
4.12 正面走的逐帧分析图 ………… 45
4.13 背面走的逐帧分析图 ………… 46
4.14 45°的走法(半侧走) ………… 46
4.15 卡通的半侧走 ………………… 47
4.16 让走路更富有活力的小窍门 … 48

第5章 跑的基本动作 ……………… 49
5.1 侧面的跑法 …………………… 49
实训5 侧面跑的做法 …………… 50
5.2 卡通侧面跑(小跑) …………… 53
5.3 卡通人物的侧面跑 …………… 53
5.4 Q版侧面跑法 ………………… 55
5.5 Q版的特效跑法 ……………… 55
5.6 卡通的特效跑法 ……………… 56
5.7 正面的跑法 …………………… 58
实训6 正面跑的做法 …………… 59
5.8 卡通正面跑法(急跑) ………… 60
5.9 卡通人物的跑 ………………… 60
5.10 Q版的跑法 …………………… 61

第6章 跳的基本动作 ……………… 63
6.1 侧面的跳动 …………………… 63
实训7 侧面的跳法 ……………… 64
6.2 卡通人物侧面跳 ……………… 66
6.3 Q版侧面跳 …………………… 67
6.4 正面的跳动 …………………… 68
实训8 正面的跳法 ……………… 68

目 录

- 6.5 卡通人物正面跳跃 …………… 70
- 6.6 Q版正面跳跃 ………………… 71
- 6.7 各式各样的跳法 ……………… 72

第7章 角色的面部表情 …………… 76

- 7.1 捕捉基本的表情范例 ………… 77
- 7.2 捕捉强烈的表情范例 ………… 78
- 7.3 卡通人物的表情 ……………… 79
- 7.4 各种表情预览 ………………… 79
- 7.5 表情的改变 …………………… 80
- 7.6 动态表情的制作 ……………… 81
- 实训9 各种表情的制作 …………… 81
- 7.7 各种发怒的动态分解 ………… 83
- 7.8 各种哭的动态分解 …………… 84
- 7.9 流汗的动态分解 ……………… 86
- 7.10 各种动态表情分解 …………… 87
- 7.11 口型与说话制作 ……………… 88
- 7.12 各种口型一览 ………………… 90
- 实训10 说话的逐步分解 …………… 91
- 7.13 眼睛的绘制 …………………… 94
- 7.14 鼻子的绘制 …………………… 94
- 7.15 耳朵的绘制 …………………… 95

第8章 各种手型的绘制 …………… 96

- 8.1 手的各种姿势（写实风格）… 97
- 8.2 手的各种姿势（卡通风格）… 99
- 8.3 手的各种姿势（Q版风格）… 100

第9章 动物的动作 ………………… 101

- 实训11 小狗的各种运动 …………… 101
- 9.1 四肢类动物的运动规律 ……… 108
- 9.2 飞行类的运动规律 …………… 110
- 9.3 爬行类动物的动作 …………… 114
- 9.4 鱼类的动作 …………………… 115
- 9.5 动物的各种动作 ……………… 116

第10章 自然现象的规律 …………… 119

- 10.1 火的运动规律 ………………… 119
- 实训12 火的各种燃烧变化 ………… 119
- 10.2 水的运动规律 ………………… 125
- 实训13 水的各种流动变化 ………… 125
- 10.3 风的运动规律 ………………… 132
- 实训14 风的各种规律变化 ………… 132
- 10.4 雨的运动规律 ………………… 137
- 实训15 雨的各种规律变化 ………… 137
- 10.5 闪电的运动规律 ……………… 140
- 实训16 闪电各种规律变化 ………… 140
- 10.6 烟雾的运动规律 ……………… 143
- 实训17 烟雾的各种规律变化 ……… 143
- 10.7 爆炸的运动规律 ……………… 148
- 实训18 爆炸的各种规律变化 ……… 148

第11章 各种特效的技法 …………… 150

- 11.1 旗帜的运动规律 ……………… 150
- 实训19 各种旗帜的飘动 …………… 150
- 11.2 速度线的制作 ………………… 155
- 11.3 打斗特效 ……………………… 156
- 11.4 抽打特效 ……………………… 157
- 11.5 撞击特效 ……………………… 159
- 11.6 喷火特效 ……………………… 160
- 11.7 光芒特效 ……………………… 161
- 11.8 电击充屏特效 ………………… 161
- 11.9 爆炸后的烟雾驱散 …………… 162
- 11.10 恐怖的效果 …………………… 163
- 11.11 烟雾遮屏 ……………………… 164
- 经典特效欣赏 ……………………… 166

第12章 原画的展示 ………………… 167

- 12.1 特效背景的展示 ……………… 168
- 12.2 意向背景的展示 ……………… 169
- 12.3 道具、物品的展示 …………… 170

第 1 章　关于动画的介绍

★ 1.1 传统动画和 Flash 动画

传统动画：传统动画，也被称为"经典动画"、"赛璐珞动画"或者是"手绘动画"，是一种较流行的动画形式和制作手段。20 世纪，大部分的电影动画都以传统动画的形式的制作。其制作方法就是把画好的一张张不动的，但又逐渐发生变化的画，用摄像机逐步拍摄下来，以每秒 24 张或 25 张进行播放，从而形成了动画效果。

传统动画的特点：传统动画已有 100 多年的历史，动画表现手法精致、细腻，更能体现出动画师的优秀画功。但动画制作成本高、制作周期较长。

Flash 动画：Flash 动画在制作和技术上，都传承了传统动画的优点，使得动画制作变得更简单，画面基于矢量化，更加清晰。传播途径更广泛，大幅度减少了绘制中间画的工作量。

Flash 动画的特点：动画画面清晰，制作方法较简单，制作周期较短，能大幅度降低动画制作成本。

猫和老鼠（美式传统动画）

灌篮高手（日式传统动画）

宝莲灯（国产传统动画）

喜洋洋与灰太狼（Flash 动画）

图 1-1

图 1-1 所示为 4 种不同动画风格的截图。
Flash 动画的工艺流程如图 1-2 所示。

Flash的动画工艺流程图

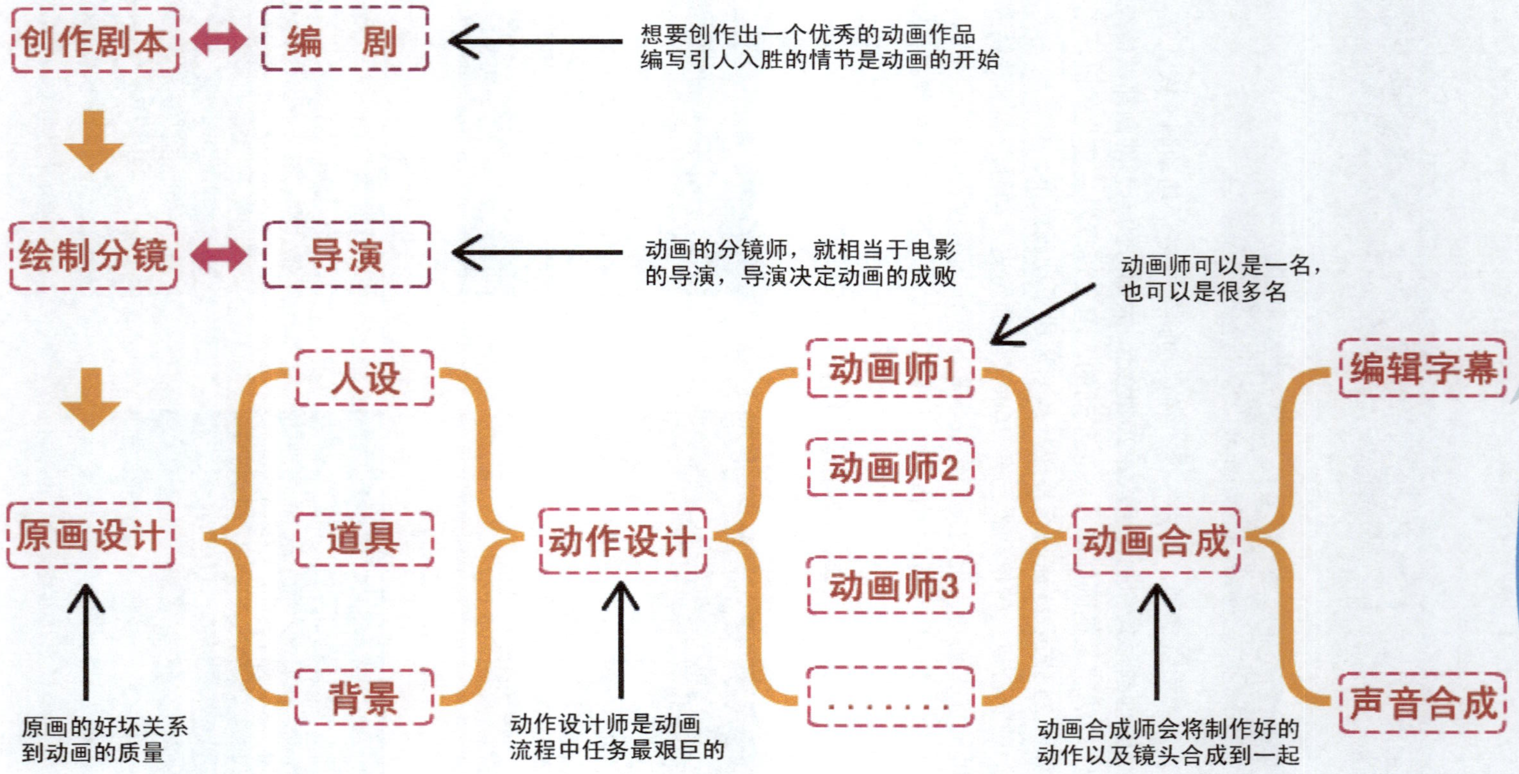

创作剧本 ←→ 编剧 ← 想要创作出一个优秀的动画作品，编写引人入胜的情节是动画的开始

↓

绘制分镜 ←→ 导演 ← 动画的分镜师，就相当于电影的导演，导演决定动画的成败

↓

原画设计 ← 人设 / 道具 / 背景 ← 原画的好坏关系到动画的质量

动作设计 ← 动画师1 / 动画师2 / 动画师3 / …… ← 动作设计师是动画流程中任务最艰巨的

动画师可以是一名，也可以是很多名 →

动画合成 ← 编辑字幕 / 声音合成 ← 动画合成师会将制作好的动作以及镜头合成到一起

图 1-2

1.2 原画与中间画

在传统动画中，绘制原画是最关键和重要的。原画的好坏关系整个动画的画面质量。绘制出关键的两张原画动作后，接下来就要把两张原画中所存在的画面依次绘制出来，让其形成一个完整的动作。这些画面可以是一张，也可以是连续的多张，统称它们为中间画，如图1-3所示。

眨眼的小例子

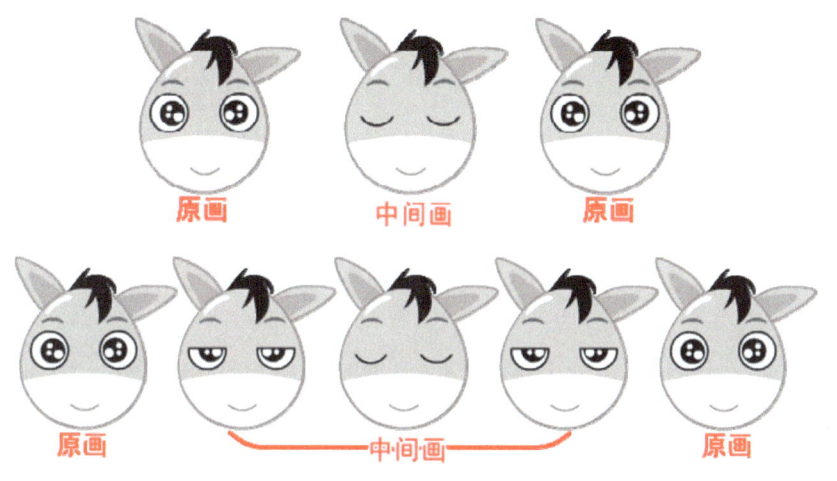

图 1-3

1.3 动画中的"一拍一"和"一拍二"

"一拍一"和"一拍二"的说法是来源于传统动画。如果按照24帧1s来计算，那么"一拍一"的动画方式就要用24张纸绘制连续的动作。"一拍二"的动画方式则只需要12张纸，一张纸扫描两次，一张纸当两张纸使用。

在Flash动画中，逐帧动画也可以体现出"一拍一"和"一拍二"的用法。按24帧1s为例，在时间轴中插入24个关键帧，每帧绘制出连续的动作，就如同传统动画中"一拍一"的动画模式；若在时间轴的奇数帧插入关键帧，在偶数帧插入帧，则会形成"一拍二"。图1-4所示为"一拍一"与"一拍二"的对比。

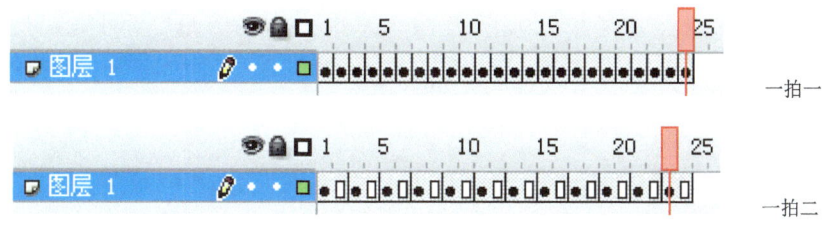

图 1-4

"一拍二"是运用最普遍的,它可以让画面变得流畅,而且能大幅度提高工作效率。

"一拍一"能让画面更精致,做到细致入微,但工作量也就随之变大。在动画制作过程中不要单一地选择"一拍一"或"一拍二",两者结合才是最佳选择!

正常的动作和正常的空间幅度用"一拍二",快动作或很流畅的动作用"一拍一"。美国动画师尼尔·鲍威尔说道"一拍二让动画形成,而一拍一让动画飞翔。"

★ 1.4　矢量图与位图

计算机中显示的图形一般可以分为两大类——矢量图和位图。

矢量图使用直线和曲线来描述图形,这些图形的元素是一些点、线、矩形、多边形、圆和弧线等,它们都是通过数学公式计算获得的。矢量图形最大的优点是无论放大、缩小或旋转等不会失真。

位图也称为点阵图像或绘制图像,是由称做像素(图片元素)的单个点组成的。这些点可以进行不同的排列和染色以构成图样。当放大位图时,可以看见构成整个图像的无数单个方块。

如图1-5所示,矢量图的花瓶,绘制程度已经较为精致,但与位图的实体花瓶照片相比,逼真度还是比较低。

如果将花瓶放大数倍后,矢量的花瓶仍能呈现高清晰的画面质量,但位图则会出马赛克。位图越放大,画面质量越粗糙。

矢量图的花瓶　　位图的花瓶

放大后的矢量图　　放大后的位图

图1-5

第2章　原画的基础

★2.1　透视的基本概念

平行透视

平行透视又称为一点透视。在60°视域中，观察正六面体上下、前后、两侧三个面，不论立方体在什么位置，只要有一个面与可视画面平行，立方体和画面所构成的透视关系透视就叫"平行透视"（它只有一个消失点），如图2-1所示。

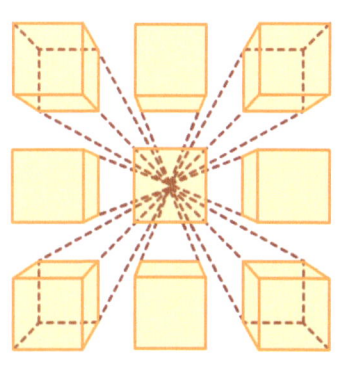
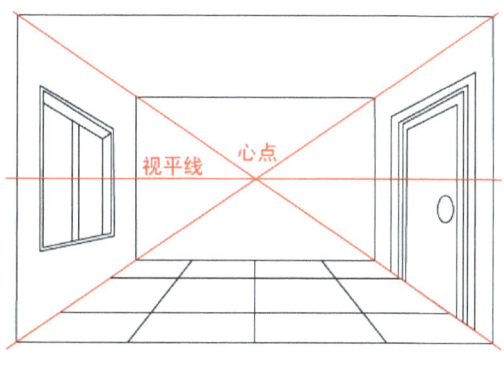

图 2-1

成角透视

成角透视又称为两点透视。就是景物纵深与视中线成一定角度的透视，景物的纵深因为与视中线不平行而向主点两侧的余点消失，如图2-2所示。

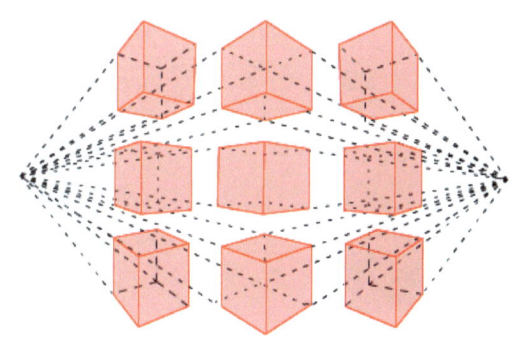
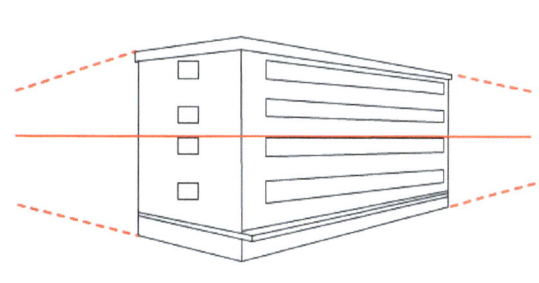

图 2-2

倾斜透视

倾斜透视又称三点透视，一般用于超高层建筑，俯瞰图或仰视图，如图2-3所示。

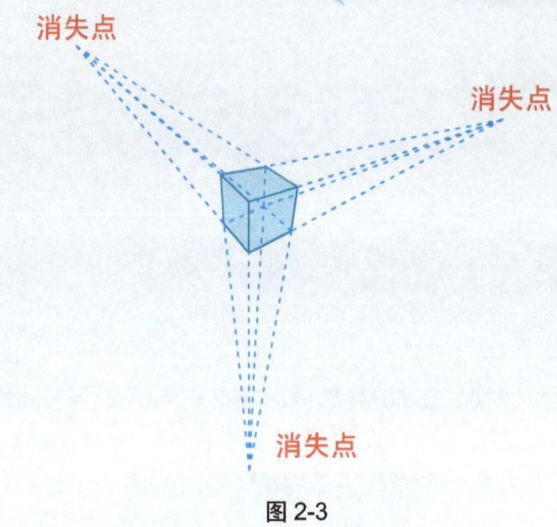

图 2-3

★2.2 色彩的构成

色彩的三要素

色彩可用色调、饱和度和亮度来描述。人眼看到的任一彩色光都是这三个特性的综合效果，这三个特性即是色彩的三要素，其中色调与光波的波长有直接关系，亮度和饱和度与光波的幅度有关。

明度：明度是色彩的明暗和深浅程度，也称为光度，作为色彩构成的层次和空间依托，是色彩的骨骼。在无彩色系中，最高明度为白色，最低明度为黑色。二者之间为灰色，如图 2-4 所示。

明度推移

图 2-4

色相：色彩的相貌，是具有彩色系颜色的首要特征。理解的过程可以是：三原色（红、黄、蓝），三间色（橙、紫、绿），如图 2-5 所示。

色相环

图 2-5

纯度：指色彩的饱和度，又称彩度，色彩的鲜亮程度，任何颜色加白、加黑、加灰都会不同程度地减弱色相的鲜亮程度。

★2.3 色彩的情感

红色：给人积极、扩张、外向感觉的暖色，最纯粹的三原色之一。红色在高饱和状态时，给人传递热烈、喜庆、吉祥、兴奋、生命、革命、庄重、激情、敬畏、残酷、危险等心理信息。深红底子上的红色有平静，熄灭热度的效果；橙色底子上的红色显得暗淡，缺乏朝气；黄绿色底子上的红色显得冒失、粗鲁、激烈、狂妄；绿蓝色底子上的红色有热望和冲动的感觉；黑色底子上的红色有强烈的热情。纯红加白淡化为粉红，让人联想到爱情、甜蜜、温和、圆满、雅致、健康、娇柔、愉快。纯红加黑暗化为深红，显得消极、悲伤、烦恼、苦涩、残暴、恐怖、专横、嫉妒、枯萎。纯红加灰变成浊红，表现的精神不振、忧郁、哀伤、迷茫、徘徊、阴森。如图 2-6 所示：

图 2-6

橙色：可以归类仅次于红色的暖调色彩，它是红与黄的中间色。相比于红色，视认性和瞩目性颇高，跟红色一样也具有使人血液循环加快，肌肉技能加强的特性，令人兴奋不安定。橙色处于最饱和状态时，给人的感觉是光明、富裕、华丽、丰硕、成熟、甜蜜、快乐、温暖、辉煌、丰富、冲动、富贵的感觉。浅橙给人一种舒心、惬意的色彩意韵。深橙色给人沉着、安定、拘谨、腐朽，悲伤的感觉。灰橙色给人灰心、衰败、没落、昏庸、迷惑等消极的精神感觉，如图 2-7 所示。

图 2-7

黄色：是所有色彩中最明亮的，同橙色相比，黄色显得轻薄、冷淡、自信、黄色处于最鲜艳的色彩程度时，给人光明、纯真、活泼、轻松、智慧、任性、权势、高贵、藐视、诱惑等感觉。在红底子上加黄色是一种欣喜、大声喧闹的感觉。橙底子上加黄色显得稚气、轻浮和缺乏诚意。红紫色底子上加黄色带着褐色味的病态，蓝底子上加黄色像太阳一样温暖、辉煌、然而效果上却显得生硬、不调和。白底子上加黄色，显得惨淡、无为、黑底子上加黄色，显得积极、强劲，如图 2-8 所示。

图 2-8

绿色：绿色明视度不高，刺激性不大，对人的生理作用及心理反应均显得平静、温和，它是黄色和蓝色对等混合的中间色。最纯正的绿色蕴涵着和平、生命、青春、希望、舒适、安逸、公正、平凡、平庸、嫉妒等情感含义。正绿色倾向于蓝色，变成蓝绿色，它给人冷静、凉爽、端庄、幽静、深远、酸涩的多重感觉，正绿色靠近黄色变成黄绿色，它有一种新生、纯真、无邪、活力、无知的色彩效果，绿色加白色变成浅绿色，给人宁静、清淡、凉爽、舒畅、飘逸、轻盈的感觉，特别适合用在夏季的饮料，食品包装的外观设计上。绿色加黑色变成深绿色，它具有沉默、安稳、刻苦、忧愁、自私等心理作用。灰绿色给人灰心、腐败、悲哀、迷惑、庸俗等感觉，如图 2-9 所示。

图 2-9

蓝色：属于收缩的，内向的冷色，具有纯正，高贵的特征。通常用于浩瀚的海洋和辽阔的天空。饱和度最高的蓝色，标志着理智、深邃、博大、永恒、真理、信仰、尊严、保守、冷酷。淡紫色底子上的蓝色，呈现出空虚、退缩和无能。红橙色底子上的蓝色，显得暗淡，但色彩效果鲜亮迷人，黄色底子上的蓝色显得沉着自信。绿色底子上的蓝色，显得暧昧消极、无所作为。褐色底子上的蓝色，显得颤动激昂、生机盎然。黑色底子上的蓝色，显得亮丽。蓝色加白淡化为浅蓝色，意味着轻盈、清淡、高雅、透明、飘渺。蓝色加黑色变为深蓝色，显得沉重、悲观、朴素、孤独、幽深。蓝色加灰色，显得沮丧、愚拙、无知，如图 2-10 所示。

图 2-10

紫色：是红色和蓝色的中间色，明度和瞩目性最虚弱，显得深沉专注。饱和度最高的紫色表现出高贵、端庄、庄重、虔诚、神秘、压抑、傲慢、哀悼。紫色接近红色时，变成红紫色，给人感觉大胆、豪放、娇艳、温暖、甜美。紫色倾向于蓝色时，变成蓝紫色，传达出孤寂、献身、珍贵、严厉、恐惧、凶残的精神意会。被淡化为浅紫色时，展现出优美、浪漫、梦幻、妩媚、羞涩、清秀、含蓄的韵味，使人心醉神迷，显得柔和。特别适合用于女性化装品、内衣、闺房等色彩设计。紫色被暗化为深紫色时，象征着愚昧、迷信、虚假、灾难、自私、消沉、哀思、痛苦。被灰化为灰紫色时，代表着厌恶、忏悔、衰败、颓废、堕落，如图2-11所示。

图 2-11

黑色：黑色是无光时给人产生的一种色彩感觉，凝度和瞩目性都比较差，与白色相比，黑色呈现出力量、严肃、永恒、毅力、刚正、充实、忠义、意志、哀悼、黑暗、罪恶、恐惧。黑色能把别的颜色衬托得既辉煌艳丽又协调统一，黑色与任何一种鲜亮色彩混合时都会使对方露出稳重、含蓄、沉着的表情特征，但同时也破坏色彩的源动力，使之消沉，如图2-12所示。

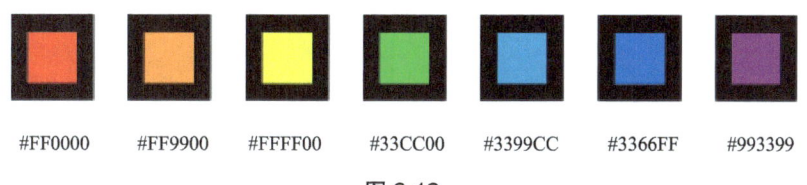

图 2-12

白色：白色是全部色彩的总和，白色的明度和瞩目性都相当高，一般被归类于能够满足视觉生理平衡要求的舒适而安静的中性色彩。与任何有彩色系的颜色混合或并制，都可得到赏心悦目的色彩效果和心理感应。白色通常能使人从中体会纯洁、神圣、光明、洁净、正直、无私、空虚、飘渺等思想暗示。

灰色：灰色是黑与白之间的中间色，人的视觉乐于接受或青睐灰色能最大程度的满足人眼对色彩明度舒适要求的中性色，正灰色给人留下柔和、平凡、谦逊、沉稳、含蓄、幽雅、中庸、消极的印象。有人称之为无生殖力状态下的色彩。自身具有平稳、成熟、老练的性格优势。与其他饱和度高的色彩混合时，令对方呈现出含蓄、柔润、令人玩味的奇幻色彩意向。如果灰色的比例过大，就会使色彩丧失原有的生气，使人有心灰意冷的感觉。

★ 上色练习

卡通人物上色

街道上色

★ 2.4　动画角色的基本画法

三种不同的绘画风格介绍

★ 人物篇

在现实的生活中，人物的头身比例大多都在4～8头身之间，4、5头身大多都是小孩的比例，而7、8头身则是个子高挑的成年人。在漫画、动画中，正常人的比例大多处与2～10头之间，如图2-13所示。

写实风格　　　　　　　卡通风格　　　　　　Q 版风格

图 2-13

　　写实风格：以真实人物的比例去进行绘制，但也有区与照片上的真实人物。在绘画过程中不变形，不夸张，比较接近真实的人物特征。头身比例一般为 7～9 头身。

　　卡通风格：卡通就是"非真人电影"的意思。是英语 cartoon 的音译。卡通风格的动画多以儿童题材为主，形象简单可爱，身体线条简洁。相对于写实风格的画法，人物比例较为夸张。头身比例一般为 4～6 头身。

　　Q 版风格：Q 版风格是所有画法中最为夸张的，人物的头部较大，身体以及四肢略小。头身比例一般为 2～3 头身。

★ 动物篇

　　在绘制动物的时候，一般用两种方法：写实风格与卡通风格。写实风格是按照动物的基本轮廓去绘制。卡通风格的动物则变的拟人化，可以夸张其五官，只要能突出动物的特征、特点即可，如图 2-14 所示。

写实风格的兔子　　　　卡通风格的兔子

图 2-14

★ 临摹练习

分别临摹，人物，动物

★ 2.5 物品场景的基本画法

2.5.1 卡通云彩的绘制

　　卡通的云彩基本是由几个椭圆组成的，组合完毕后删除多余的线条，在用绿色的线条圈起画出光源区域，填充阴影效果让云变的具有立体感，如图2-15所示。

阴影色为 #DAE7FC

图2-15

　　各种云彩一览，如图2-16所示。

乌云

图 2-16

2.5.2 花草的绘制

图 2-17 为花草的绘制。

可以把单棵小草,复制多个组成茂盛的草丛

图 2-17

2.5.3　树木的绘制

图 2-18 为树木的绘制。

图 2-18

第2章 原画的基础

实训 1　　绘制写实风格的汽车

学习目标

↳ 掌握描线的技巧。

↳ 掌握吸色上色的技巧。

汽车效果图如图 2-19 所示：

图 2-19

操作步骤

Step 01　新建 Flash 文件（ActionScript 3.0）或按<Ctrl+N>创建新文档，文档属性为默认，如图 2-20 所示。

图 2-20

Step 02　用快捷键<Ctrl+R>将一张汽车图片导入到舞台。（也可以在 Windows 界面中选中图片直接拖到 Flash 中），如图 2-21 所示。

15

图 2-21

Step 03　点击"▣"在图层 1 上新建一个图层,将图层命名为"轮廓线"。我们将要在此图层绘制汽车的轮廓,如图 2-22 所示。

图 2-22

Step 04　选择"直线工具✎"或"钢笔工具♦"勾勒出汽车的轮廓,在属性窗口设置线条的笔触高度为 1,颜色尽量用与底色相差较大的,这样有利于看清图片,如图 2-23 所示。

图 2-23

Step 05 　在轮廓线图层上方继续创建图层，命名为"内轮廓线"。颜色设置为红色，如图 2-24 所示。

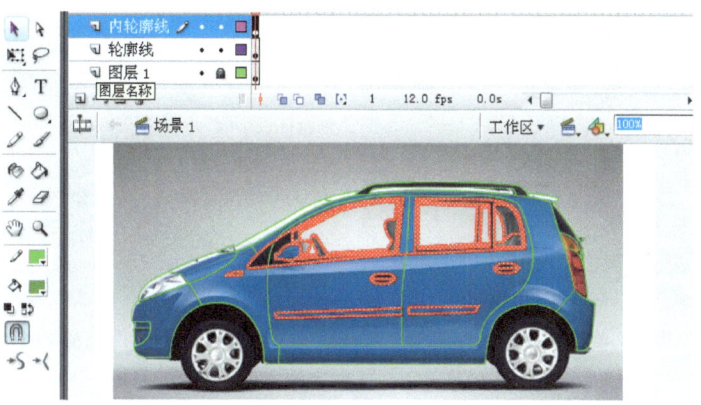

图 2-24

Step 06 　在轮廓线图层上方继续创建图层，命名为"高光线"。颜色设置为红白，如图 2-25 所示。

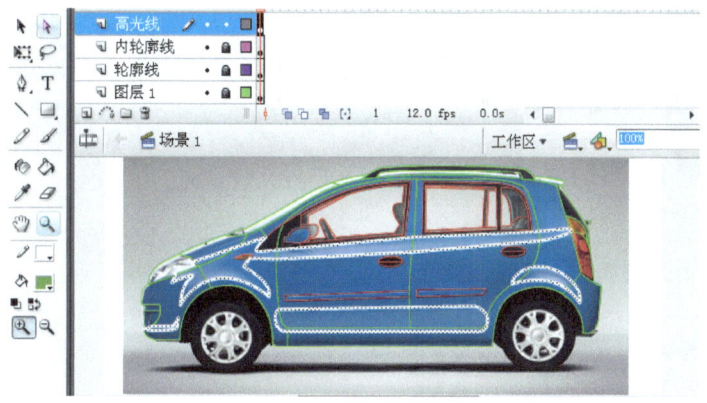

图 2-25

Step 07 　用快捷键<Shift+F9>调出颜色窗口，给汽车上色。选中轮廓线图层，锁定其他图层。用颜色面板中填充颜色的"小吸管"吸取汽车图片的颜色，如图 2-26 所示。

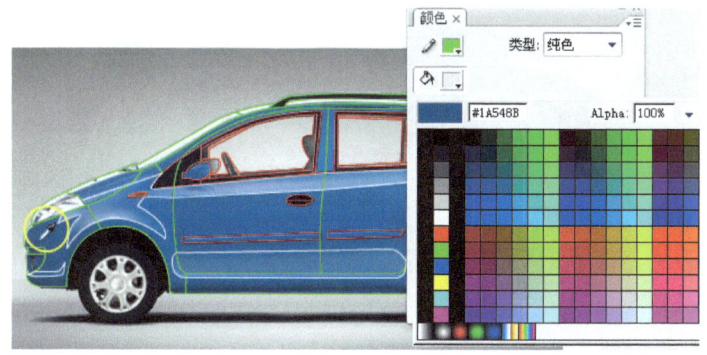

图 2-26

Step 08　吸色完毕后,用"颜料桶工具 "填充颜色。如果发现颜色填充不上,说明轮廓线不是处于一个完全封闭的状态,需要将图层变为轮廓线显示,线条就变为极细线显示,会发现有的线条尚未闭合,如图2-27所示。

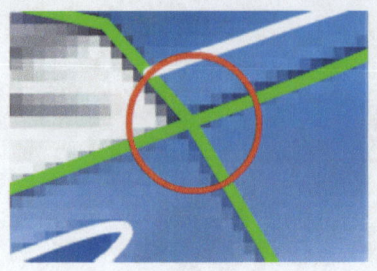 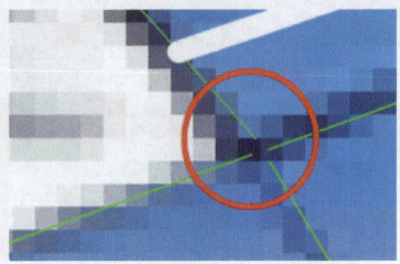

看似封闭的线条　　　　　　　　　　轮廓线状态显示的线条尚未封闭

图 2-27

Step 09　比较单一的颜色我们可以直接吸附汽车的颜色,有渐变色的地方要用线性填充色填充颜色,如图2-28所示。

图 2-28

Step 10　用以上方法将汽车的轮廓层全部填色,如图2-29所示。

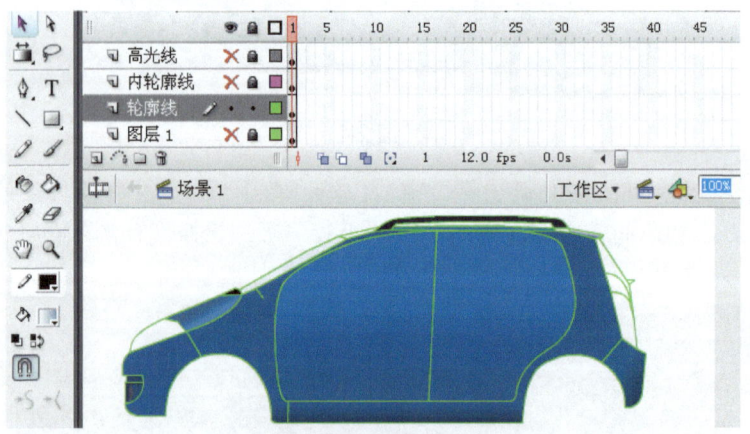

图 2-29

Step 11　锁定关闭轮廓线图层,打开内轮廓线绘制内轮廓,如图2-30所示。

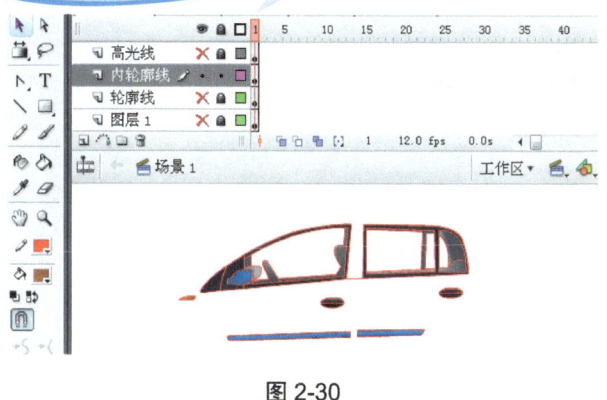

图 2-30

Step 12 填充高光色的时候,线性填充色的两端尽量用透明色去处理。颜色就不会很突兀,如图 2-31 所示。

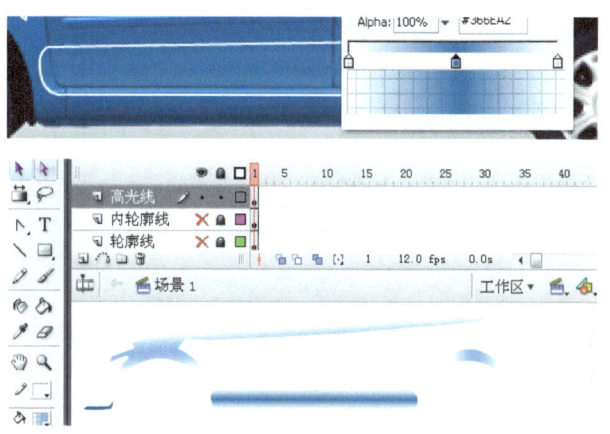

图 2-31

Step 13 将除轮廓线层外的所有图层线条删除。在高光线图层上方新建一个图层,命名为"汽车轮廓线"。全选轮廓线图层上的绿色线条,按<Ctrl+X>剪切后,按<Ctrl+V>粘贴到汽车轮廓线图层,并将颜色改为黑色,如图 2-32 所示。

图 2-32

Step 14 完善车灯以及车轮的绘制。在绘制细节的地方我们可以将舞台放大,这样更加方便绘制,如图 2-33 所示。

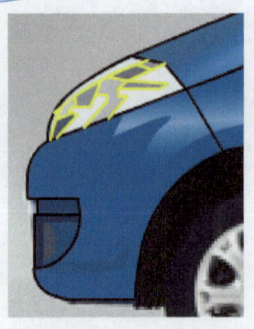

图 2-33

Step 15 对比原图删除多余的黑色线条，如图 2-34 所示。

图 2-34

Step 16 将黑色线条的透明度设置为 50%的透明。最后再调节一下整体的感觉，汽车就绘制完毕了，如图 2-35 所示。

图 2-35

Step 17 对比一下绘制的汽车和照片原图，如图 2-36 所示。

汽车的原图　　　　　　　　　　　　　　　绘制的汽车

图 2-36

第 3 章 运动规律和动作设计

★3.1 小球的运动规律和空间幅度

如图 3-1 所示，1 号图案为一个小球围绕中心点旋转，留下的四个位置的痕迹，可以从俯视图和顶视图两个角度观察图形的运动轨迹。

如图 3-1 所示，2 号图形则为增加小球中间的画，我们会发现顶视图的小球间隔十分平均，俯视图则当球体运动到两边时会产生重叠，越到两侧小球的距离越紧密。

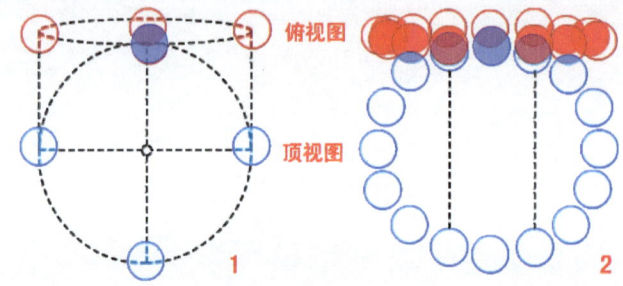

图 3-1

如图 3-2 所示，3 号图形显示中间画的空间幅度会在小球旋转弧线的两外侧堆积在一起。
如图 3-2 所示，4 号图形增加了透视角度，但空间幅度照样会堆积在弧线的外侧。

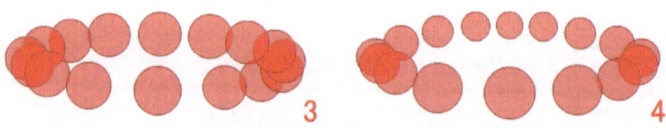

图 3-2

★3.2 转头的小例子

我们可以直接将头 A 转到头 B，但那样会让人觉得比较呆滞，没有动作的质感，如图 3-3 所示。

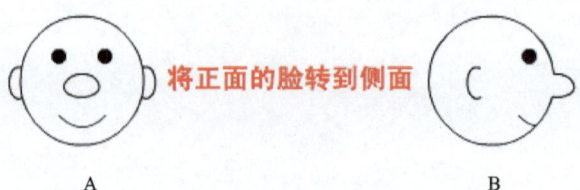

图 3-3

我们增加了一个中间画，如图 3-4 所示。动作看起来就有了一些质感。

图 3-4

转头时再将头向下低一下，如图 3-5 所示，这样看起来更加真实。

图 3-5

转头时再让眼睛眨一下，如图 3-6 所示，这样看起来就更加逼真和完善。

图 3-6

★3.3 手、脚的经典小错误

弹出手指和接触地面的小例子如图 3-7 所示。

中间画看似正常其实违背了常理　　　　　正确的应该是这样

图 3-7

★ 3.4 撞击的小例子

当一个卡通人,从空中撞向墙壁,我们应该如何处理他的动作。

这个动作大概需要五张画,头的空间幅度均匀分配,把它一直延伸到头将要撞向墙壁的时候。每张画中的身体会稍微重叠以使眼睛看清楚。当然这要求"一拍一"的方式,因为这个动作非常快,5号和6号图之间没有中间画,如图3-8所示。

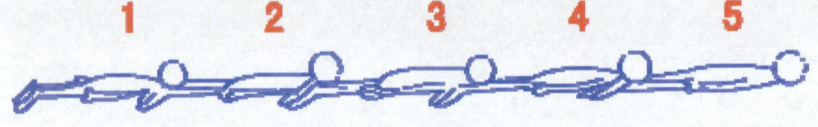

图 3-8

如果要加强冲击力,让撞击的动作更有力度,那么在身体被墙壁撞扁的最后一张画之前加入一张它刚刚接触到墙壁的画。这样就会产生更多的"变化",即动作中套着动作,如图3-9所示。

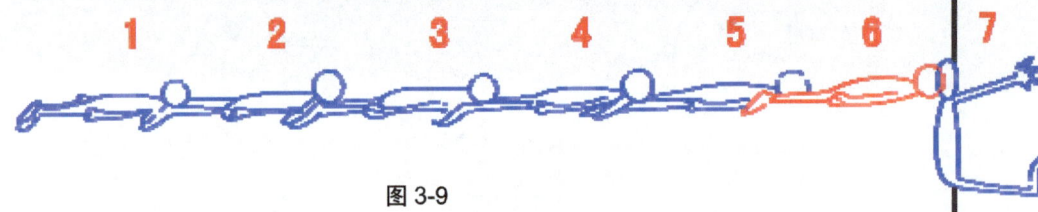

图 3-9

如果还嫌冲击力不够,那么干脆把5号图拿出来扔掉,而把接触墙壁的那张画拉长。这样就变成了新的5号图。这样,动作好像跳过了一格。我们看不到,但能感觉到,而且增强了撞击墙壁的力度,如图3-10所示。

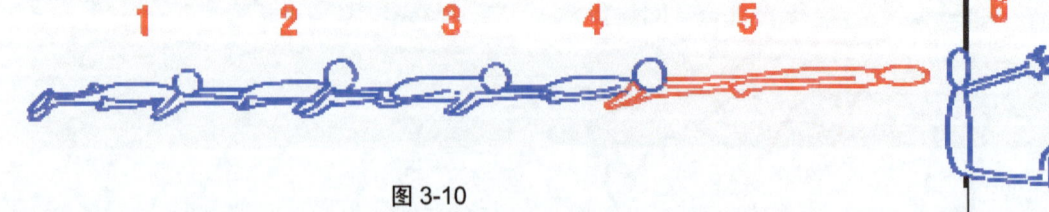

图 3-10

第4章　走的基本动作

学习动画的第一件事情就是掌握行走规律，仔细研究各种各样的行走姿势，有助于掌握行走动画的制作技巧和运动规律。

★4.1　侧面的走法

简单的走路

如图 4-1 所示：

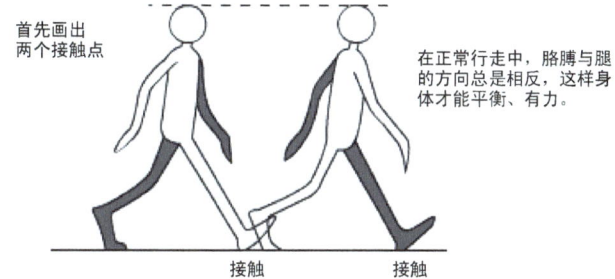

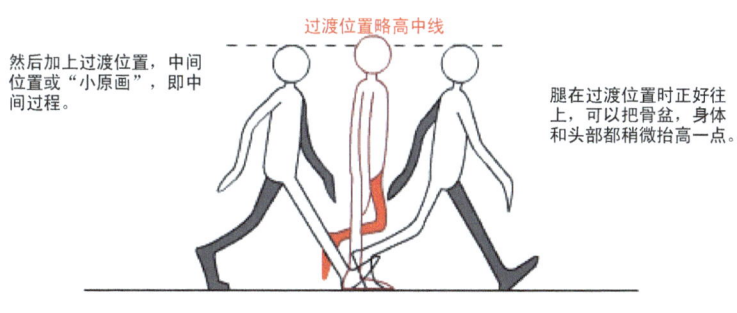

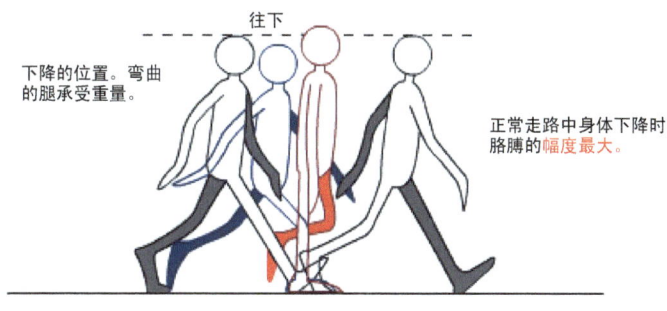

图 4-1

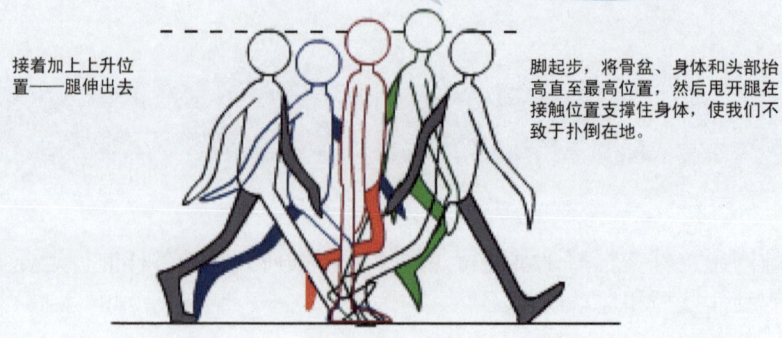

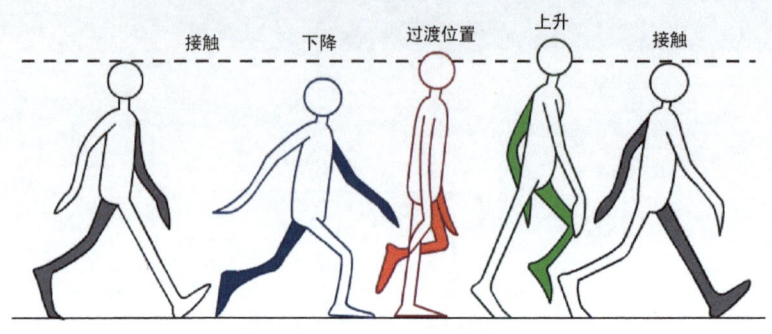

现在把每个动作展开并将其夸大一下，这样看得更清楚

图 4-1（续）

设定节奏

如果要准确地抓住人物角色的动作特征，就需要认识和了解动作的节奏设定。
在 Flash 动画中，一般设置动画的帧频率为每秒 24 帧或 25 帧。
因此就设定了各种节奏：

4 帧一步　　飞快的跑
6 帧一步　　跑或快走
8 帧一步　　慢跑或卡通式的走路
12 帧一步　　轻快、正统、自然的走路
16 帧一步　　闲适的漫步
20 帧一步　　年长者或疲惫的人
24 帧一步　　很慢的脚步
32 帧一步　　老态龙钟、重病

两种走路的方式

在制作走路的时候一般会用到"接触法"和"向下位置法"两种制作方法。下面就具体地分析两种走路的特点，如图 4-2 所示。

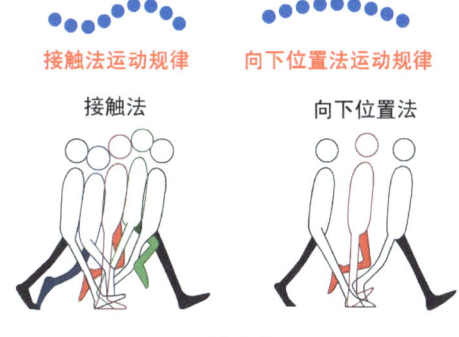

图 4-2

两种方法有各自的优势。

接触法能让人顺利地完成工作。适用于多数情况下需要做的自然动作。接触法是绝大多数绘制动画动作最有效的方式。

向下位置法更具有创造性,有助于发挥我们的想象力,可以自由地设计奇形怪状的动作和一些现实世界中不可能存在的动画。如果要进行复杂的设计,可以把它当做一个简单的基础,如图 4-3 所示。

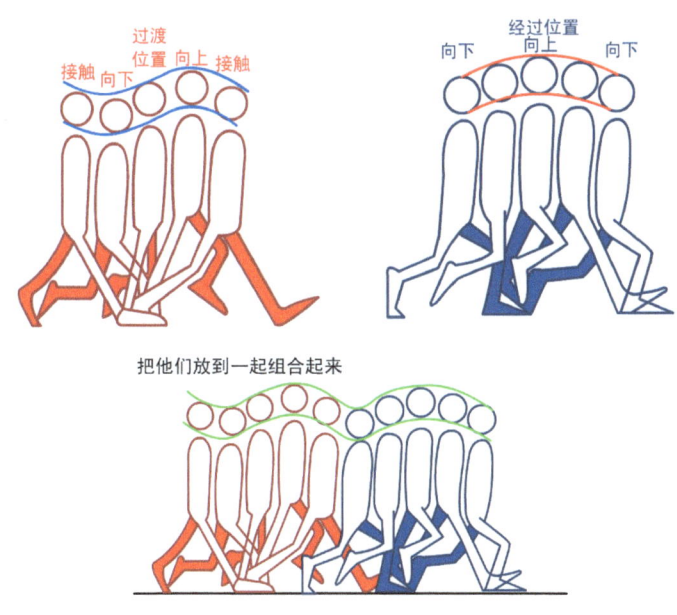

图 4-3

两种方法组合起来的火柴人的行走展开图如图 4-4 所示。

图 4-4

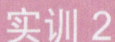

实训 2　　侧面的基本走法

学习目标

→ 掌握走路的运动规律。
→ 掌握关节的应用。

卡通的侧面行走：（接触法）

项目赏析

效果图如图 4-5 所示。

图 4-5

操作步骤

Step 01 新建 Flash 文件（ActionScript 3.0）或按<Ctrl+N>快捷键创建新文档。帧频率为 24fps。

Step 02 将形象中每个需要创建补间动画的部位分别转换成元件，如图 4-6 所示。

图 4-6

头发和尾巴需要创建补间形状，所以就不需要变为元件。元件转换完毕后，全选元件，分散到图层。

由于制作走路，左胳膊与右胳膊，左腿与右腿是一样的，只需复制一对手脚即可。以便提高动作的制作效率，方便修改动作，如图 4-7 所示。

第4章 走的基本动作

图 4-7

在制作走路的时候,一定要给角色加入关节。加入了关节的部位看上去更加真实,如图 4-8 所示。

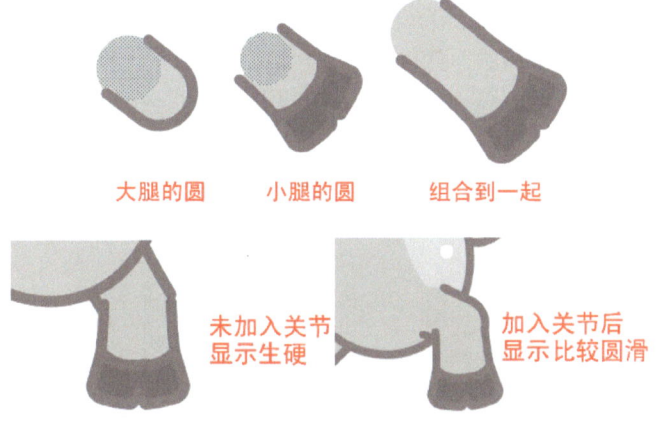

图 4-8

Step 03 先将走路动作的关键帧绘制出来,这里用 12 帧一步的自然走路去制作。
用快捷键<Ctrl+Alt+Shift+R>调出标尺,从标尺中拖出绿色的辅助线帮助给动作进行定位。

Step 04 绘制一步走的 5 个关键帧,如图 4-9 所示。

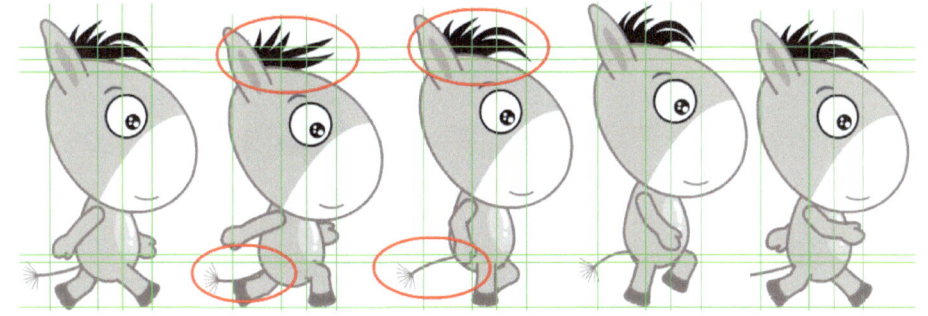

图 4-9

尾巴和头发是反向运动每帧都有变化,所以用补间形状来制作。

Step 05 由于是行走的动作,手部元件与脚部元件是一样的,所以在制作第二步的时候只需要把第一步手脚位置调换前后位置即可,如图4-10所示。

图 4-10

Step 06 绘制好所有的关键帧后,为尾巴和头发图层外的所有元件图层创建补间动画,头发和尾巴创建补间形状,如图4-11所示。

第1帧　　第4帧　　第7帧　　第10帧　　第13帧　　第16帧　　第19帧　　第22帧　　第24帧

洋葱皮效果截图

图 4-11

第4章 走的基本动作

在制作任何动作时，要先做成原地行走的状态，然后将走路的整体转换为一个元件，再去用补间动画完成向前走，向后退等动作，如图4-12所示。

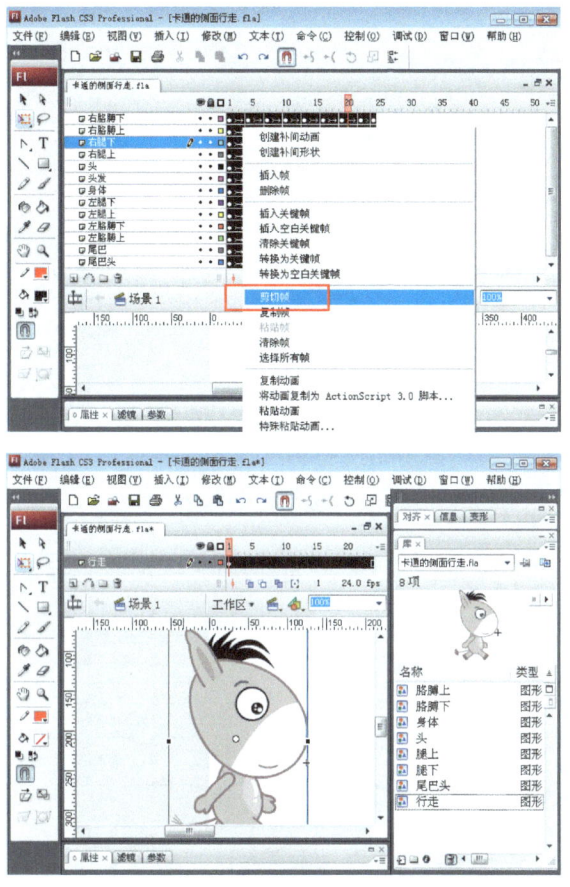

图 4-12

技巧速记

在我们制作走路动画时，就和盖房子一样，一定要从下往上做，从腿脚开始一步步地往上制作。

★4.2 卡通人物的行走（向下位置法）

在实训 2 中，我们运用了 9 个关键帧才制作出一个拟人化的"凸凸驴"侧面行走。下面用 5 个关键帧来完成一个卡通人物的行走。走路时间设置为每秒 25 帧，1 秒走两步。

1）首先将人物的每个部位分别转换成元件，并分散到图层，如图4-13 所示。

图 4-13

2) 将 5 个关键帧上的动作绘制完毕。创建时间轴上的补间动画，如图 4-14 所示。

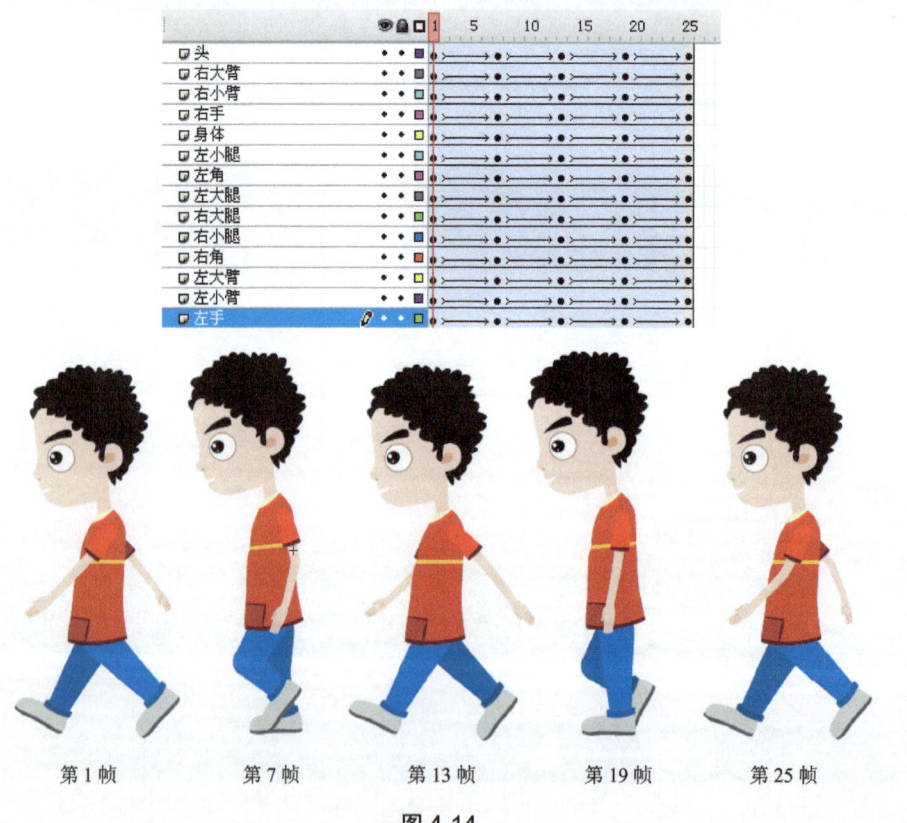

第 1 帧　　　第 7 帧　　　第 13 帧　　　第 19 帧　　　第 25 帧

图 4-14

在创建补间动画的时候，因为每个关键帧之间的补间长度较长，计算机运算的过程中往往会出现一些穿帮的镜头，这里就要在穿帮的地方继续插入关键帧，将其调整，如图 4-15 所示。

第10帧的腿部就发生了穿帮

插入关节帧后调节到正确

调整后的时间轴

图 4-15

★4.3 Q版人物的行走

Q 版人物的行走比前两种行走略微简单一些，不用做得很精致和具体，只要能体现出行走的特点即可。

这里用每秒 24 帧，1 秒走两步的方法去制作，如图 4-16 所示。

不用将胳膊、腿等细分

图 4-16

将 5 个关键帧绘制出来，如图 4-17 所示。

图 4-17

★4.4 侧面的各种走法

学习和制作了 3 种标准的侧面走法后,下面就来学习更加具有特色的各种走法,如大胖子是如何开心地走、垂头丧气地走等。

如果让动作更具有特点,就需要加入反作用,也就是所谓的反向运动,如图 4-18 所示。

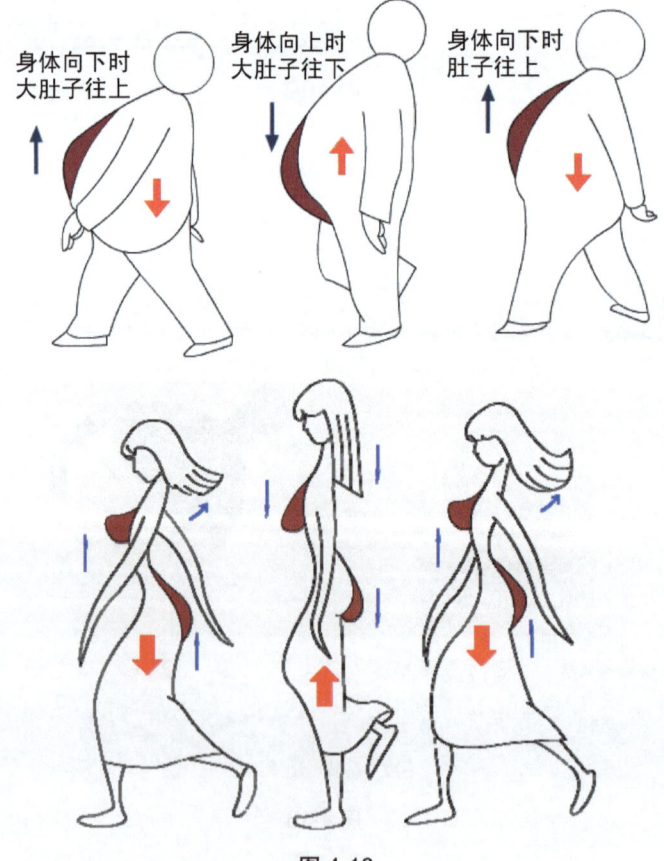

图 4-18

实训 3　　鬼鬼祟祟的走法

学习目标

- 加强运动规律的认识。
- 掌握运动时身体变化的幅度。

项目赏析

效果图如图 4-19 所示。

图 4-19

操作步骤

Step 01 新建 Flash 文件（ActionScript 3.0）或按<Ctrl+N>快捷键创建新文档。帧频率为 24fps。

Step 02 将形象除头发、尾巴之外的所有部位转换为元件，如图 4-20 所示。

图 4-20

Step 03 要体现出鬼鬼祟祟的感觉，角色的表情是很重要的。肢体上要缩脖子，腿部略微弯曲。第一步的展开图，如图 4-21 所示。

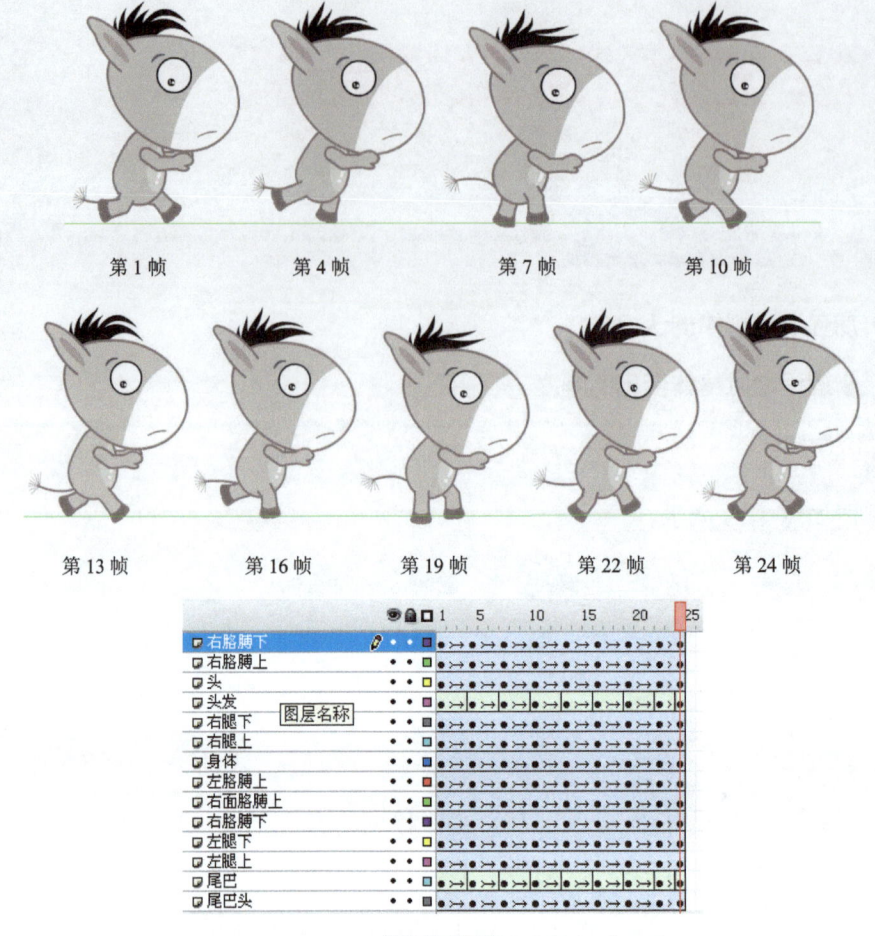

| 第 1 帧 | 第 4 帧 | 第 7 帧 | 第 10 帧 |

| 第 13 帧 | 第 16 帧 | 第 19 帧 | 第 22 帧 | 第 24 帧 |

最终的时间轴

图 4-21

★ 4.5　Q 版的鬼鬼祟祟走法

Q 版的鬼鬼祟祟走法，可设置每秒播放 24 帧，共 43 帧。

首先将身体的每个部位转换元件，并分散到图层。身体和裙子不转换为元件，如图 4-22 所示。

图 4-22

接下来绘制 6 个关键帧，关键帧总数为 7 个。首尾的关键帧一样，只需制作一个，如图 4-23 所示。

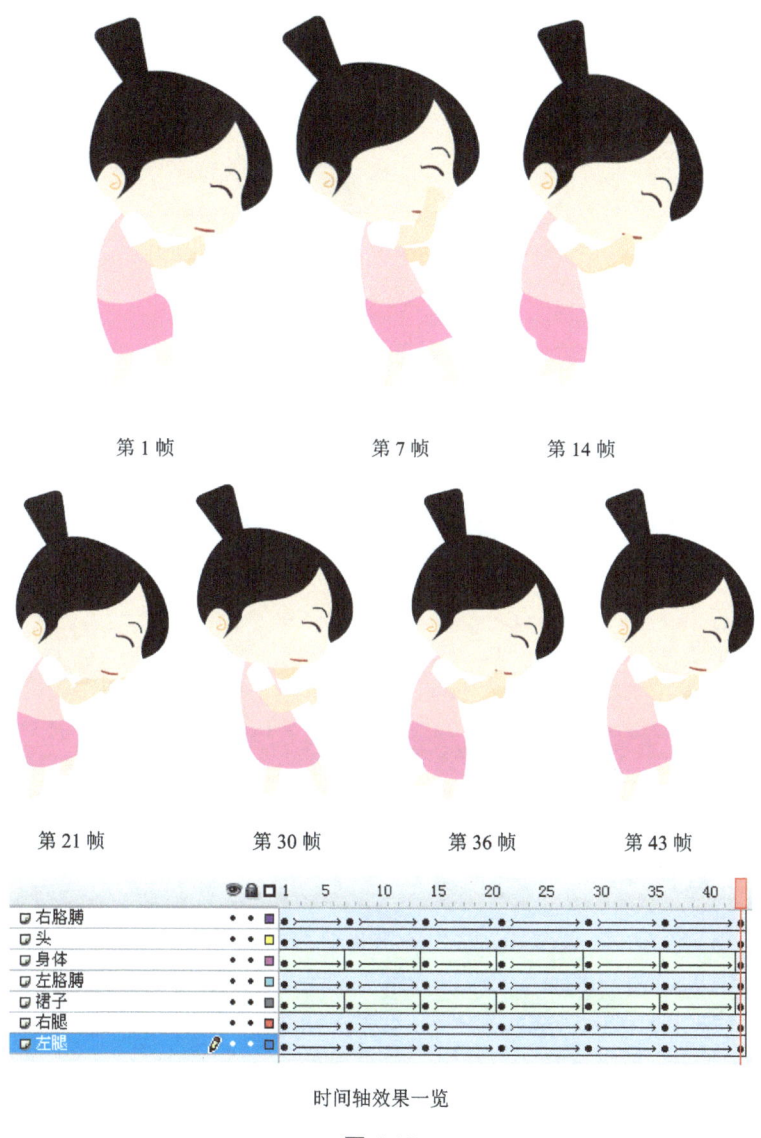

图 4-23

★4.6 卡通版劳累的走法

我们将动画设置为每秒 24 帧，共 30 帧。这里用逐帧动画去做，只需要将头部或衣服等不动的部位转换为元件，这样方便修改。也可以不转换为元件，因为不做补间动画，如图 4-24 所示。

图 4-24

虽然不做补间动画，但最好也将每个部位进行分层绘制，这样有助于修改、整理和调节动作。

先绘制出 10 个关键帧，用 1 拍 3 的方式去制作动画效果，如图 4-25 所示。

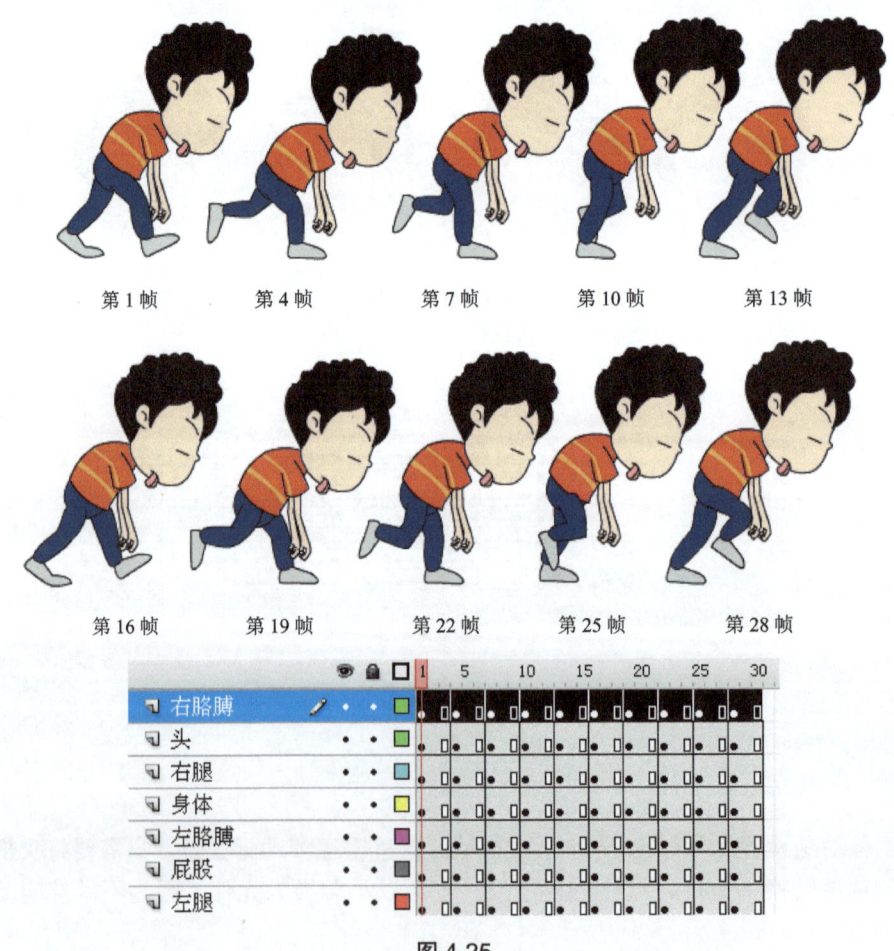

图 4-25

★ 4.7 Q版劳累的走法

设置动画帧频率为每秒 24 帧，共 32 帧。分别将身体的每个部位转换为元件，如图 4-26 所示。

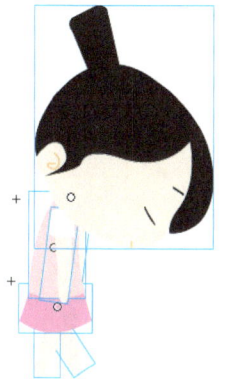

图 4-26

绘制 5 个关键帧，如图 4-27 所示。

时间轴截图

图 4-27

★ 4.8 正面的走法

正面行走的基本动作

侧面行走已经介绍了一些，现在来学习正面行走的基本做法和技巧。

绘制基本的 3 个帧，完成一个简单的正面走路，如图 4-28 所示。

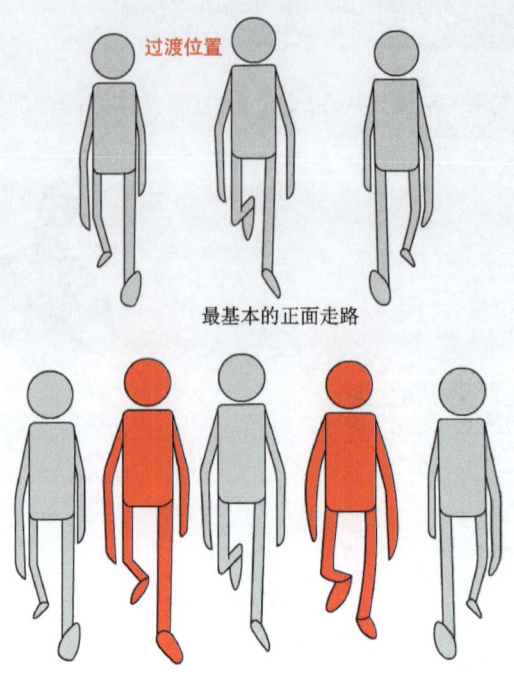

图 4-28

这样绘制可以表现出正面走路的特征，但走路动作比较死板，没有空间幅度。我们将两端小人的身体增加倾斜角度，虽然动作比较夸张，但它显得更加真实一些，如图 4-29 所示。

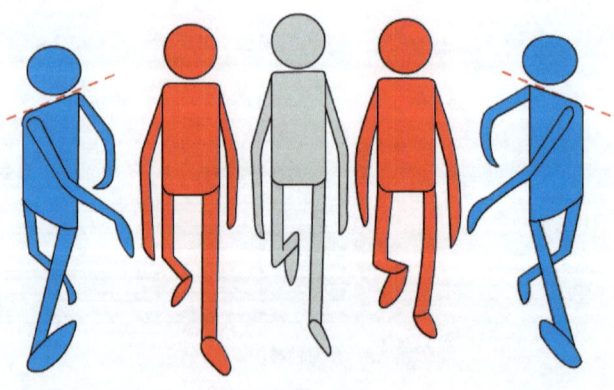

图 4-29

腰线的解析，如图 4-30 所示。

第4章 走的基本动作

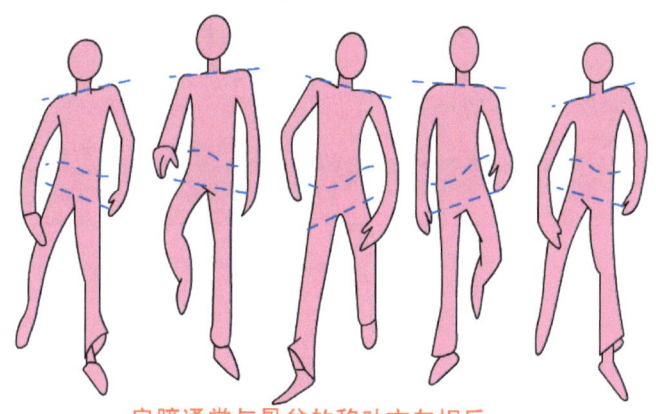

肩膀通常与骨盆的移动方向相反

夸大重心的转移模式

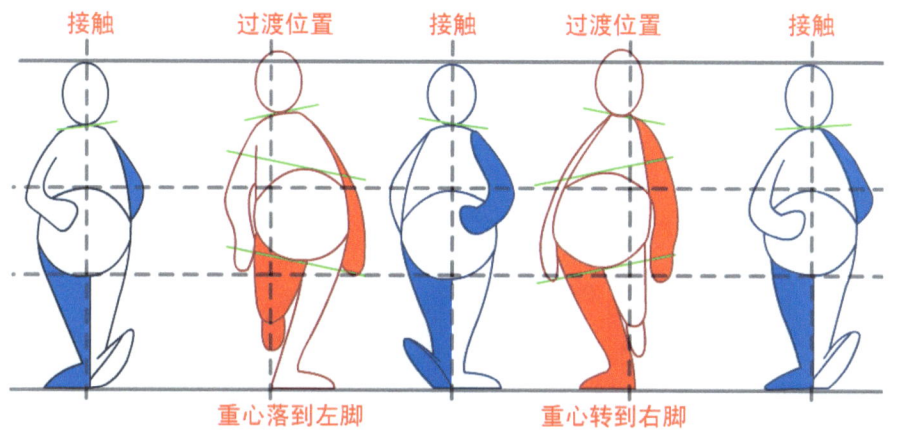

接触　过渡位置　接触　过渡位置　接触

重心落到左脚　　重心转到右脚

图 4-30

实训 4　正面的基本走法

学习目标

➡ 掌握正面走路的运动规律。
➡ 掌握空间幅度的应用。

卡通正面走

项目赏析

效果图如图 4-31 所示。

图 4-31

操作步骤

Step 01 新建Flash文件(ActionScript 3.0)或按<Ctrl+N>快捷键创建新文档。帧频率为25fps。

Step 02 将形象中每个需要创建补间动画的部位分别转换成元件，如图4-32所示。

图 4-32

Step 03 绘制5个关键帧，如图4-33所示。

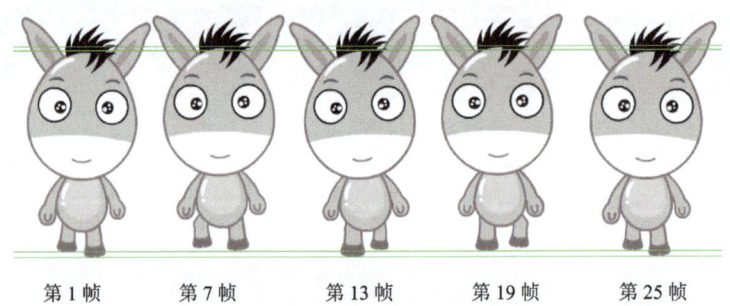

第1帧　　第7帧　　第13帧　　第19帧　　第25帧

图 4-33

Step 04 调节5个动作。先从腿部开始调节，再依次调节身体、头部以及胳膊的摆动，如图4-34所示。

用任意变形工具将右腿变小一些，体现出前后腿的透视。

1　　　　7　　　　13　　　　19　　　　25

图 4-34

在 5 个关键帧中，只需要绘制前 3 个动作。19 帧以及 25 帧上的动作只需要把第 1 帧和第 7 帧时间轴上的帧复制过来即可。粘贴帧后水平翻转元件，如图 4-35 所示。

用两条黑竖线来帮助我们观察身体的倾斜度

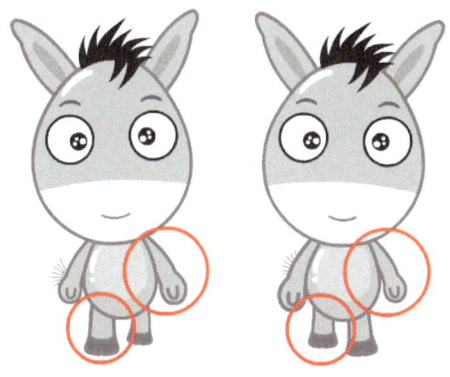

要注意胳膊和腿的位置，左腿在前，右胳膊也要在前，相反则在后

时间轴截图

图 4-35

★ 4.9 卡通正步走

在制作正步走的时候要用逐帧动画来制作。

设置动画为每秒 24 帧，绘制 10 个关键帧，如图 4-36 所示。

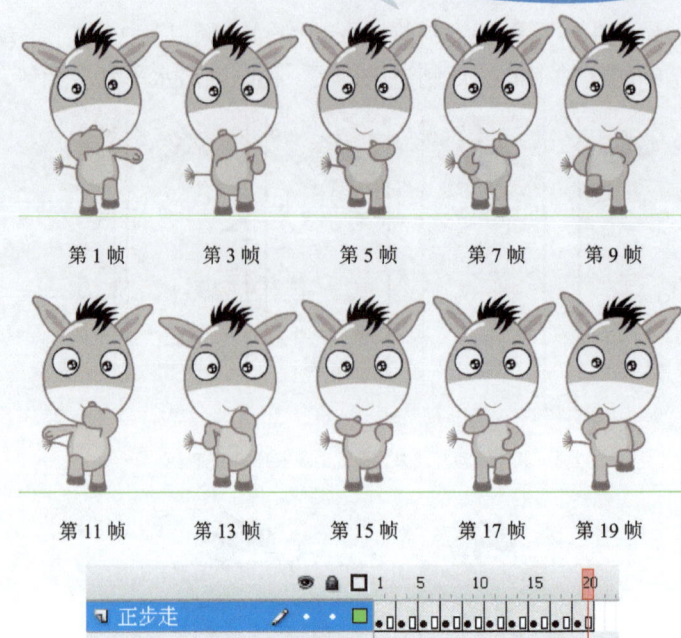

第 1 帧　　第 3 帧　　第 5 帧　　第 7 帧　　第 9 帧

第 11 帧　　第 13 帧　　第 15 帧　　第 17 帧　　第 19 帧

时间轴效果截图

图 4-36

★4.10　逐帧的脚步分解图

图 4-37 为脚步分析图。

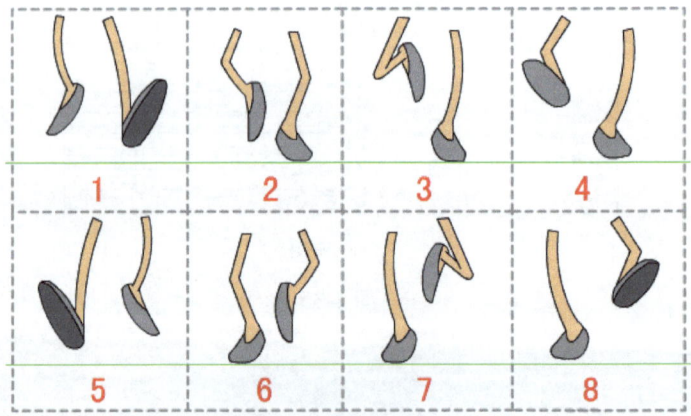

由 8 个关键帧组成的正面走路

图 4-37

★4.11　Q 版正面的行走

　　Q 版的正面行走，可以做得简单一些，表现出动画形态即可。这里用每秒 12 帧的方式去制作。

首先将身体的每个部位进行分层，并转换为元件，如图 4-38 所示。

图 4-38

★4.12 正面走的逐帧分析图

图 4-39 为正面走的逐帧分析图。

图 4-39

★ 4.13　背面走的逐帧分析图

图4-40为背面走路的逐帧分析图。

图4-40

★ 4.14　45°的走法（半侧走）

在制作45°的走法之前，先绘制一个透视图，有助于从技术角度入手，如图4-41所示。

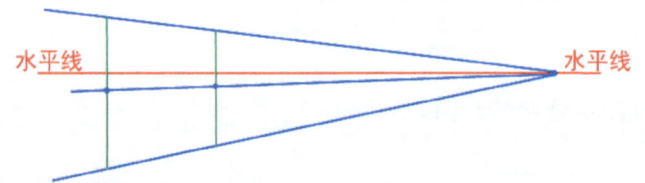

图4-41

绘制三条线，一条沿着绿色竖线的顶端，一条沿着绿色竖线的底端，一条取绿色竖线的中点，三条线延伸至水平线相交后消失，如图4-42所示。

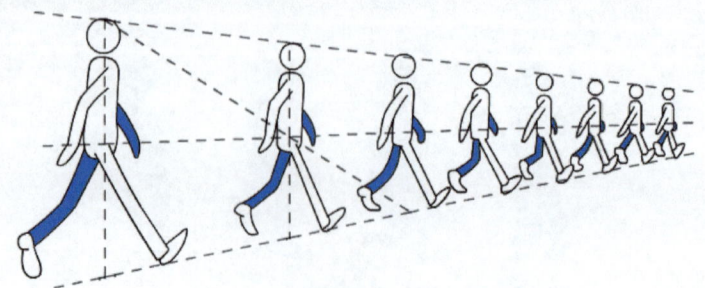

图4-42

在线条的基础上加入人物,我们先加入右脚接触地面的位置,如图 4-43 所示。

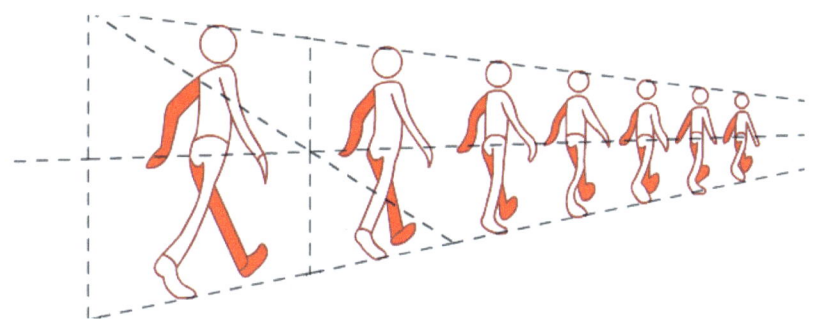

图 4-43

加入左脚接触地面的位置,如图 4-44 所示。

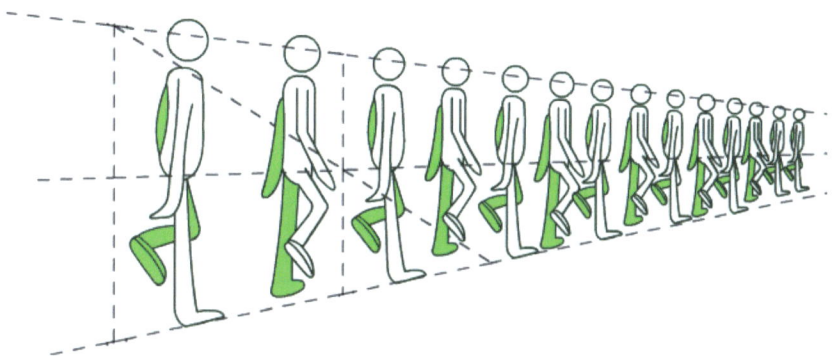

图 4-44

最后加入过渡位置,如图 4-45 所示。

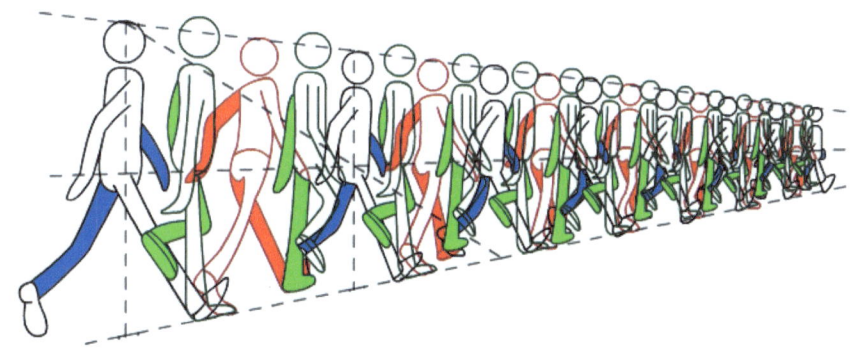

图 4-45

★4.15 卡通的半侧走

先设置动画帧频率为 24fps,1 秒走两步,如图 4-46 所示。

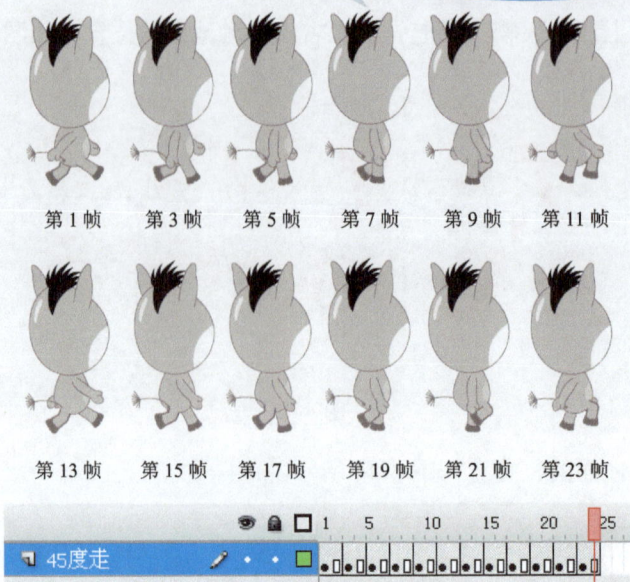

第 1 帧　　第 3 帧　　第 5 帧　　第 7 帧　　第 9 帧　　第 11 帧

第 13 帧　　第 15 帧　　第 17 帧　　第 19 帧　　第 21 帧　　第 23 帧

时间轴截图

图 4-46

★4.16　让走路更富有活力的小窍门

- 让身体倾斜。
- 让腿在接触位置和抬腿位置伸直（有直到弯或由弯到直）。
- 让膝盖向里或向外弯。
- 让腰线向最低位置那条腿的方向倾斜。
- 双脚伸出。
- 延迟双脚和脚趾头的动作，直到最后一刻再离开地面。
- 歪头或让头前后晃动。
- 延缓身体某些部位的运动，不要让所有部位同时动。
- 使用反作用，比如脂肪、屁股、胸部、延缓的衣服、裤腿、头发等。
- 弯曲关节。
- 制造一些上下移动动作（为了表现重心）。
- 对于双腿、双臂、头部、身体等使用不同的时间节点。
- 扭动双脚，不让它们保持平衡。
- 把一个正常的标准动作稍微改变就能取得不一样的效果。

第 5 章　跑的基本动作

★5.1 侧面的跑法

人物角色行走的时候，总是一只脚着地，一只脚离地。跑步的时候在某个阶段的 1～3 个位置上双脚同时离地。下面设计一个比较有活力的侧面跑步的草图，如图 5-1 所示。

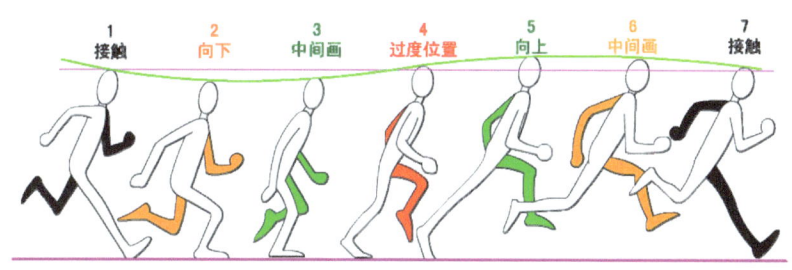

此图为 6 帧一步，每秒 4 步的正常跑法

图 5-1

下面再设计一个比较卡通的草图，同样为一个 6 帧一步的跑法看看两者的不同，如图 5-2 所示。

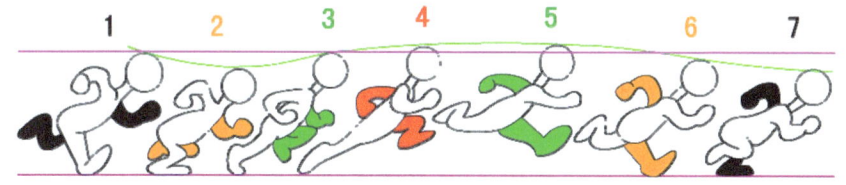

会发现卡通的跑步手臂幅度较大，向上帧双脚完全离地

图 5-2

完整的两步跑展开图，如图 5-3 所示。

图 5-3

逃跑的展开图,如图 5-4 所示。

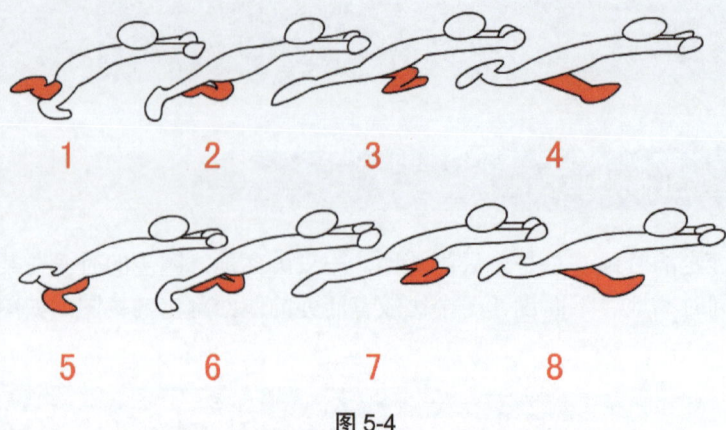

图 5-4

实训 5　侧面跑的做法

学习目标

➥ 掌握侧面跑运动规律。

➥ 掌握空间幅度的应用。

卡通侧面跑

项目赏析

效果图如图 5-5 所示。

图 5-5

操作步骤

Step 01　新建 Flash 文件(ActionScript 3.0)或按<Ctrl+N>快捷键创建新文档,帧频率为24fps。

Step 02 将形象的每个需要创建补间动画的部位分别转换成元件，如图 5-6 所示。

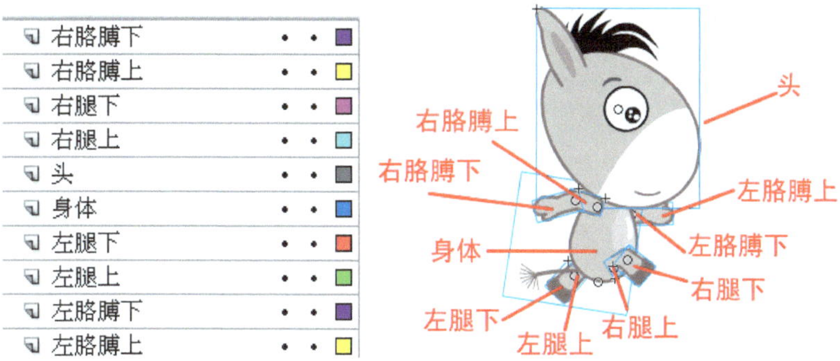

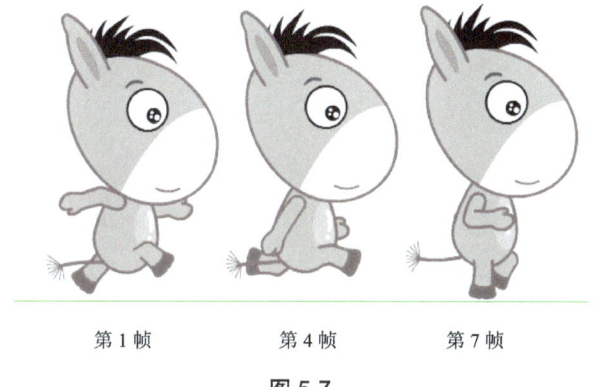

图 5-6

Step 03 先绘制出动作的 7 个关键帧，如图 5-7 所示。

第 1 帧　　　　第 4 帧　　　　第 7 帧

图 5-7

在绘制了第 16 帧以后，可以将第 1 帧上关键帧复制到第 19 帧处，让首尾的关键帧画面一致，如图 5-8 所示。

第 10 帧　　　第 13 帧　　　第 16 帧　　　第 19 帧

图 5-8

为了让动作看上去更加真实有趣，可以在身体元件中，制作尾巴的运动，如图 5-9 所示。

尾巴元件内截图　　　　　　第 1 帧　　　　　第 5 帧　　　　　第 9 帧

图 5-9

Step 04 关键帧绘制完毕后，创建补间动画，如图 5-10 所示。

图 5-10

Step 05 创建补间动画后，会出现一些穿帮镜头，如图 5-11 所示。

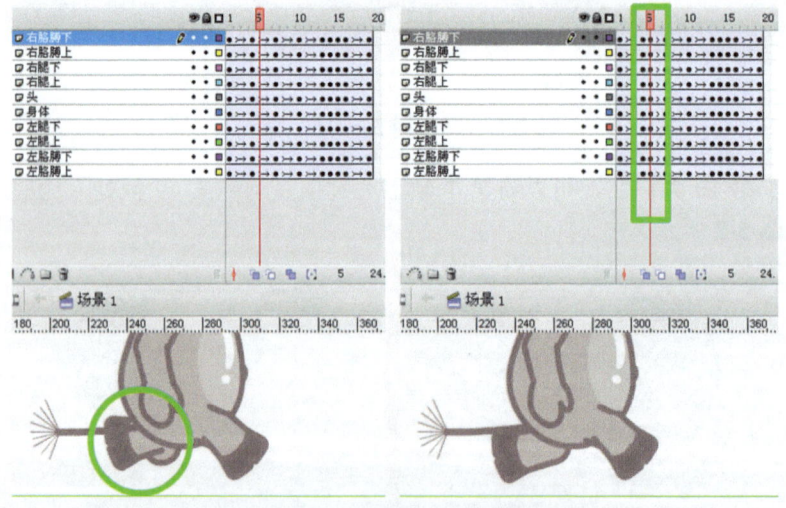

调整后的时间轴

图 5-11

5.2 卡通侧面跑（小跑）

在上个实例中我们已经制作出来侧面的跑步，只需要做一些改动，跑步的姿势就会发生变化，由正常的跑步变为小跑。

首先绘制 7 个关键帧，如图 5-12 所示。

第 1 帧　　　第 5 帧　　　第 8 帧

第 10 帧　　第 13 帧　　第 16 帧　　第 19 帧

小跑的腾空幅度比正常跑小很多，没有大起大落

调整后的时间轴

图 5-12

5.3 卡通人物的侧面跑

设置动画每秒播放 24 帧，将身体的每个部位分别转换为元件后，绘制 8 个关键帧。如图 5-13 所示。

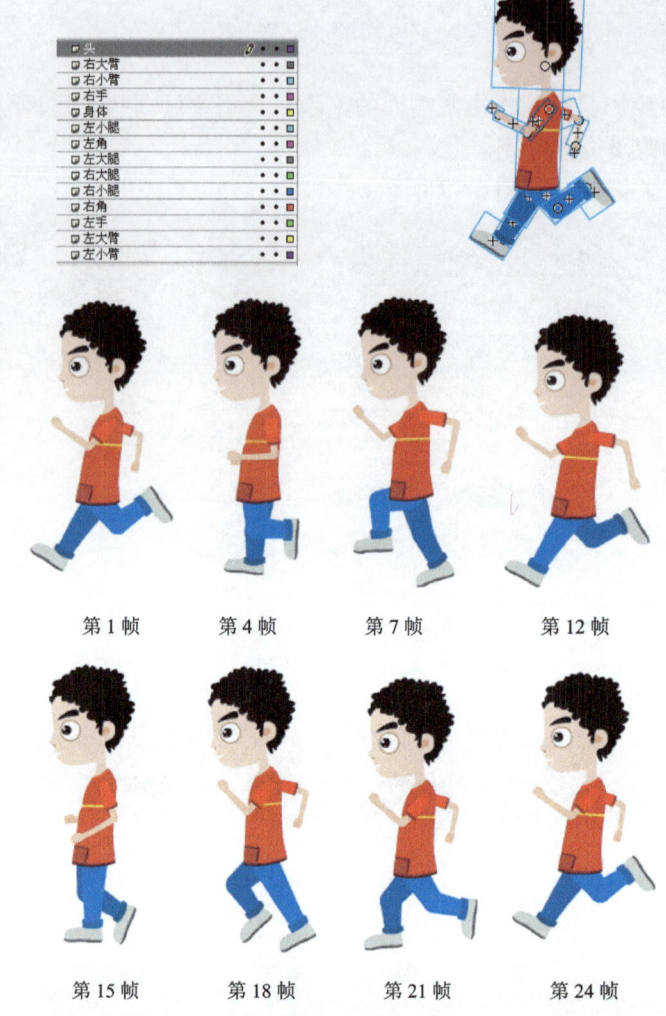

第 1 帧　　第 4 帧　　第 7 帧　　第 12 帧

第 15 帧　　第 18 帧　　第 21 帧　　第 24 帧

图 5-13

首尾帧要保持一致。绘制完毕后创建补间动画，如图 5-14 所示。

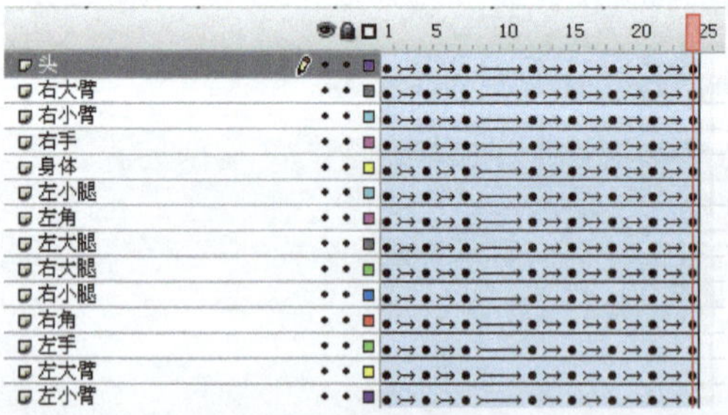

存在穿帮镜头的时间轴 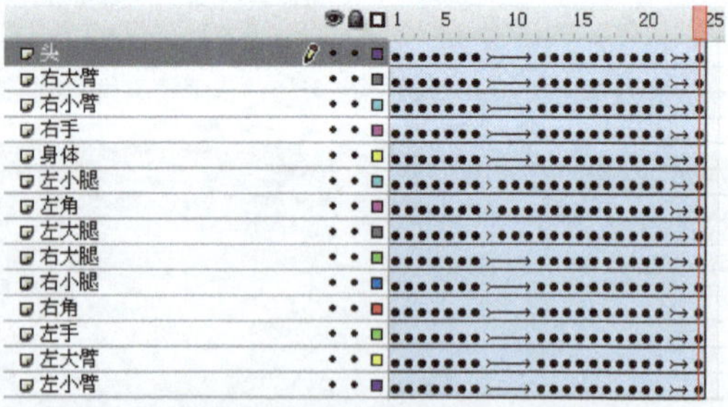　　　　　　修改穿帮镜头后的时间轴，几乎成了逐帧动画。

图 5-14

★5.4　Q版侧面跑法

设置动画为每秒 24 帧，绘制 8 个关键帧，如图 5-15 所示。

图 5-15

★5.5　Q版的特效跑法

除了以上几种正常的跑法外，还可以制作一些有趣的特效跑法，虽然这种跑法不太真实，但十分有趣。

设置动画为每秒 24 帧，只需要绘制 2 个关键帧，如图 5-16 所示。

图 5-16

第 2 帧的头部稍微向后移动一些，身体、胳膊也稍做上下调整，增加一些空间幅度，如图 5-17 所示。

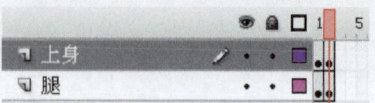

时间轴截图

图 5-17

★5.6 卡通的特效跑法

图 5-18 所示为卡通的特效跑法。

图 5-18

设置动画为每秒 24 帧后开始制作。

1）先绘制一个比较有意思的跑步姿势，如图 5-19 所示。

图 5-19

2）围绕这个绘制好的动作，给它增加一些白色的烟雾。

3）分别给烟雾绘制 8 个关键帧，让烟雾形成动画效果，如图 5-20 所示。

图 5-20

4）在烟雾的基础上增加飞速激动的脚。如图 5-21 所示：

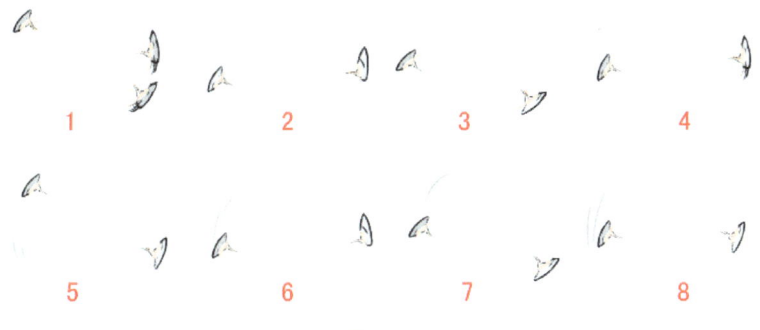

图 5-21

5）将腿飞速运动的腿与烟雾组合到一起，如图 5-22 所示。

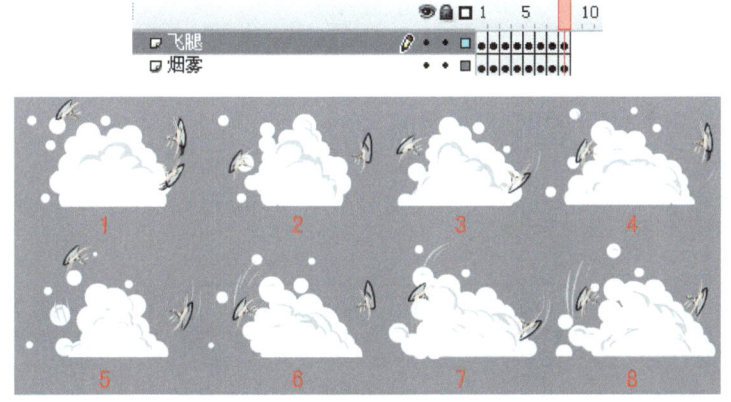

图 5-22

6）绘制身体的位置，可以删除最早绘制的双腿，将身体增加空间幅度后，绘制 8 个关键帧，如图 5-23 所示。

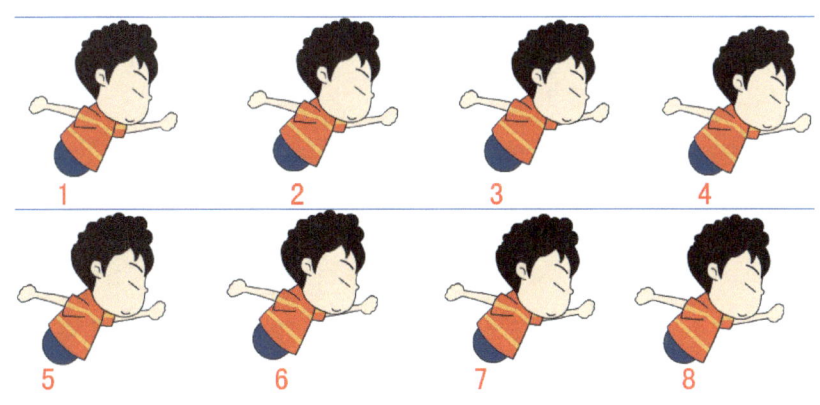

图 5-23

7）将绘制好的身体与烟雾组合。如图 5-24 所示。

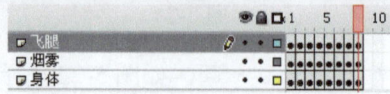

时间轴截图

图 5-24

★ 5.7 正面的跑法

图 5-25 所示为正面的跑法:

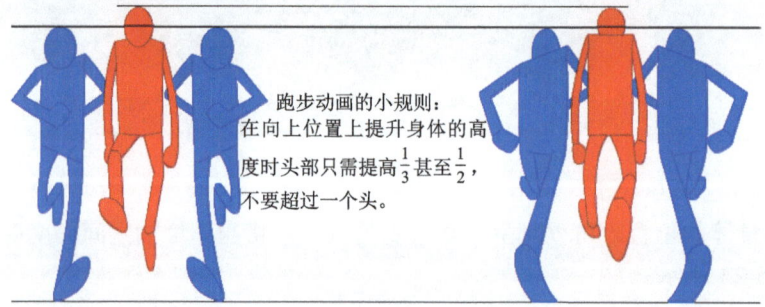

跑步动画的小规则:
在向上位置上提升身体的高度时头部只需提高 $\frac{1}{3}$ 甚至 $\frac{1}{2}$,不要超过一个头。

图 5-25

正面跑的展开示意图如图 5-26 所示。

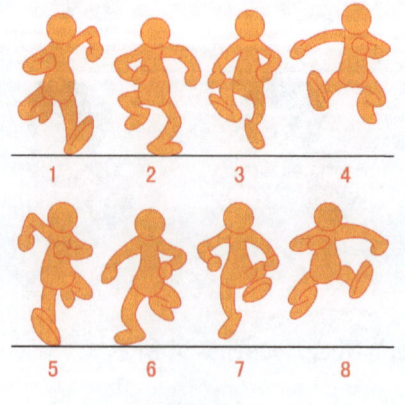

图 5-26

背面跑的展开示意图如图 5-27 所示。

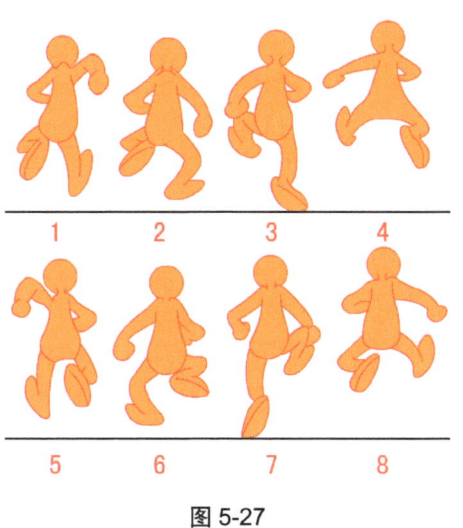

图 5-27

实训 6　正面跑的做法

学习目标

- 掌握正面跑的运动规律。
- 掌握空间幅度的应用。

卡通正面走

项目赏析

效果图如图 5-28 所示。

图 5-28

操作步骤

Step 01　新建 Flash 文件（ActionScript 3.0）或按 <Ctrl+N> 快捷键创建新文档，帧频率为 24fps。
Step 02　用逐帧的绘制方法制作"凸凸驴"的正面行走，如图 5-29 所示。

我们制作的这个跑法是看上去比较悠闲，动作幅度较小，跑步动作也比较有意思。

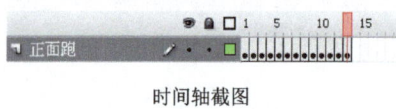

时间轴截图

图 5-29

★5.8 卡通正面跑法（急跑）

再设计一个跑步动作——比较着急的跑法。

设置动画为每秒播放 24 帧。这里只需要 4 个关键帧，制作起来比正常的跑法简单很多。为了突显着急，我们给角色设计一个恐惧而慌张的表情，如图 5-30 所示。

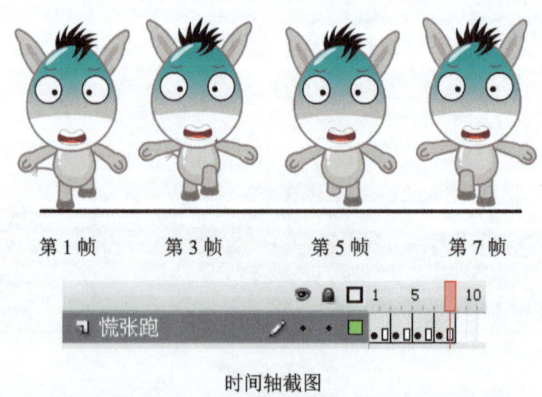

时间轴截图

图 5-30

★5.9 卡通人物的跑

设置动画每秒为 24 帧播放。绘制 6 个关键帧完成人物的跑步，如图 5-31 所示：

图 5-31

★5.10 Q 版的跑法

设置动画为每秒 24 帧播放。Q 版的跑法只需 2 个关键帧就可以完成动作,如图 5-32 所示。

图 5-32

还可以增加一些线条,让跑步增加速度感,如图 5-33 所示。

第 1 帧　　　　　第 3 帧

图 5-33

制作跑步动画的总结：

↘ 跑步的动作大多数是一拍一的逐帧动画。

↘ 可以把走路的动作稍作改造运用在跑步上，只是动作减半，动作的幅度增加。

↘ 注意头部的变化，脚和身体的空间幅度。

↘ 要敢于创新动作。

第 6 章　跳的基本动作

★6.1　侧面的跳动

图 6-1 所示为侧面的跳动。

在一个跑跳的动作中，人开始先助跑，在跑的过程中做好跳的准备。
（让脊椎不断转变方向会更好）

跑进来　为了往下落　为了往上跳　　　　　　　　　　　抬起来
　　　　先要向上跳　先要向下落

图 6-1

跨栏、跳远、马术表演等跳跃动作都是比较相似的

图 6-2

卡通的跳远，如图 6-3 所示。

保持接触　　　　　　　　　　接触点

图 6-3

另一种跳法，如图 6-4 所示。

图 6-4

实训 7　　侧面的跳法

学习目标

- 掌握侧面跳法的运动规律。
- 掌握空间幅度的应用。

卡通侧面跳跃

项目赏析

效果图如图 6-5 所示。

图 6-5

操作步骤

Step 01 新建 Flash 文件（ActionScript 3.0）或按<Ctrl+N>创建新文档。帧频率为 24fps。

Step 02 先将身体的所有部位转换为元件，如图 6-6 所示。

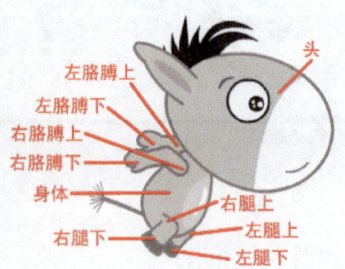

图 6-6

Step 03 绘制跳跃动作的 8 个关键帧，在制作侧面跳跃的时候，就不要像制作走路、跑步那样先制作成原地运动的状态，那样不好掌握跳跃的幅度，但在特定的情况下也可以制作成原地的运动，如图 6-7 所示。

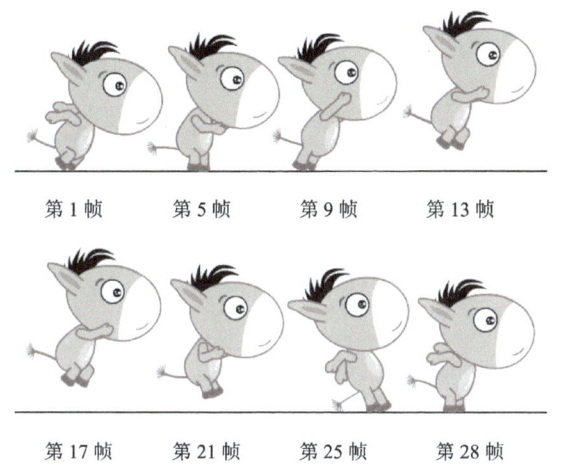

图 6-7

Step 04 关键帧绘制完毕后，创建补间动画，如图 6-8 所示。

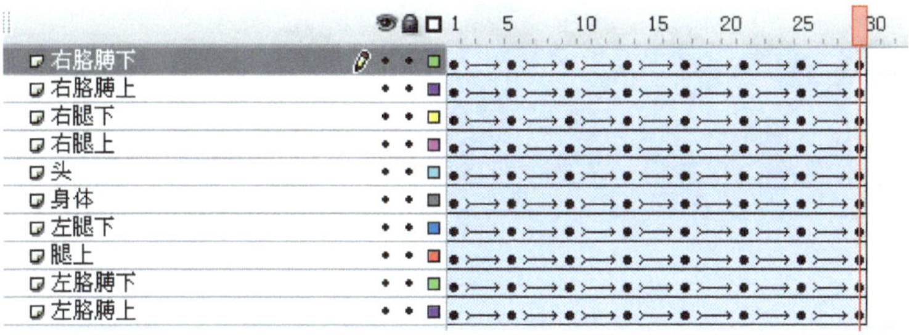

图 6-8

Step 05 补间动画会留下一些穿帮的画面，继续添加关键帧，对其调整到正常画面，如图 6-9 所示。

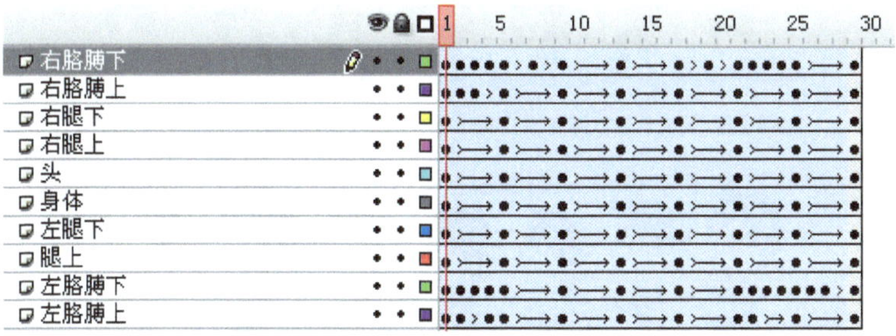

图 6-9

Step 06 通过洋葱皮效果查看跳跃的幅度有多大，如图 6-10 所示。

图 6-10

★6.2 卡通人物侧面跳

现在设计一个类似高抬腿的跳跃动作，如图 6-11 所示。

图 6-11

这里需要把动作先作为原地跳动的形式。动画设置为每秒播放 24 帧，如图 6-12 所示。

第1帧　第6帧　第8帧　第11帧　第12帧　第13帧　第15帧

第18帧　第24帧　第26帧　第30帧　第31帧　第32帧　第34帧

图 6-12

动画源文件截图

图 6-12（续）

★6.3 Q 版侧面跳

设置动画为每秒 24 帧播放，用逐帧的方法制作 Q 版的跳动，如图 6-13 所示。

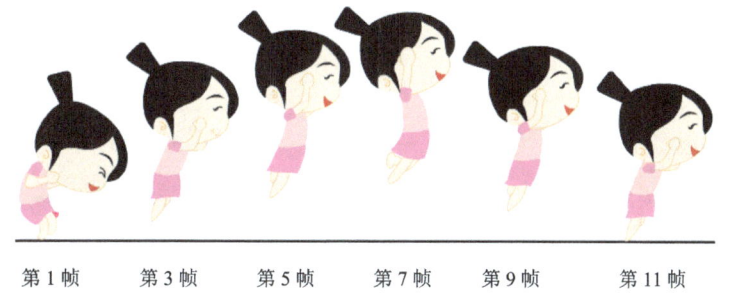

第 1 帧　　第 3 帧　　第 5 帧　　第 7 帧　　第 9 帧　　第 11 帧

图 6-13

增加一些面部表情会让动作显得更加活泼，如图 6-14 所示：

动画源文件截图

图 6-14

6.4 正面的跳动

在正面的跳动中,介绍一些比较有意思的跳法,如欢呼的跳、跳舞等。

实训 8　正面的跳法

学习目标

- 掌握正面跳法的运动规律。
- 掌握空间幅度的应用。

卡通正面跳跃

项目赏析

图 6-15 为卡通正面跳跃图。

图 6-15

操作步骤

Step 01　新建 Flash 文件（ActionScript 3.0）或按<Ctrl+N>创建新文档。帧频率为 24fps。

Step 02　用逐帧的方式制作跳跃的动作。先制作从左跳到右的 9 个关键帧,如图 6-16 所示。

图 6-16

为了让这个欢呼跳跃的动作看上去更加真实,加入了大笑的表情时间轴,如图 6-17 所示。

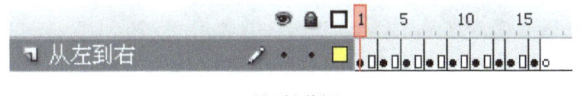

时间轴截图

图 6-17

我们已经完成了从左跳到右的动作,下面全选已有的帧,复制帧后,新建一个图层,命名为"从右到左"。在 17 帧处粘贴帧,如图 6-18 所示。

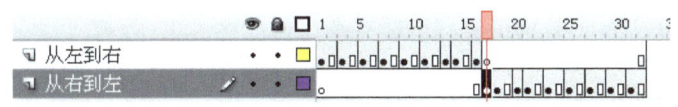

图 6-18

选中粘贴后的 17~32 帧,选择翻转帧。这样从右到左的动作就完成了,如图 6-19 所示。

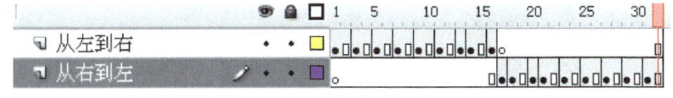

翻转后的时间轴

图 6-19

洋葱皮效果如图 6-20 所示。

洋葱皮效果截图

图 6-20

★6.5 卡通人物正面跳跃

制作一个类似与跑与跳之间的动作。

先设置动画以每秒 24 帧播放。这里只需 4 个关键帧就能完成这个动作。

效果图如图 6-21 所示。

第 1 帧　　　第 4 帧　　　第 7 帧　　　第 10 帧

图 6-21

这个动作看起来有些滑稽可笑，比较有意思，如图 6-22 所示。

源文件截图

图 6-22

★6.6 Q版正面跳跃

在Q版的正面跳跃中，运用一些违背常理的特殊技法，虽然不太真实，但动画效果十足。设置动画为每秒24帧播放。绘制4个关键帧，完成动画效果，如图6-23所示。

4个关键帧的效果

图 6-23

先绘制好原始的四个帧，如图6-24所示。

图 6-24

选中绘制好的第5帧上的图案，将其转换为"影片剪辑"，在滤镜窗口中选择"模糊"滤镜。将滤镜的小锁解开，模糊X设置为0，模糊Y设置为60（Y方向数值随图形大小可随意设定），如图6-25所示。

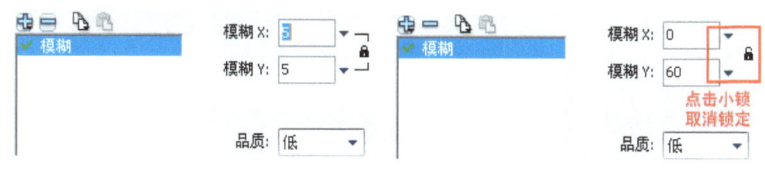

图 6-25

设置完毕后，制作第9帧上的图案，可以用刷子和直线工具绘制出这个特效图案。用制作第5帧的方法，也将第9帧的图案进行模糊处理，如图6-26所示。

源文件洋葱皮效果

图 6-26

★ 6.7 各式各样的跳法

除了以上那些基本的跳动外，还有一些经常可以看到的动作和创意变形的动作，在这一个章节中，我们就来制作这些各式各样的跳法。

6.7.1 类似跳舞的跳法

这个动作类似于"高抬腿"、"跳舞"。设置动画每秒播放 24 帧，需要 9 个关键帧完成这个动作。

先把身体的每个部位分别转换为元件。头发和尾巴不转为元件，如图 6-27 所示。

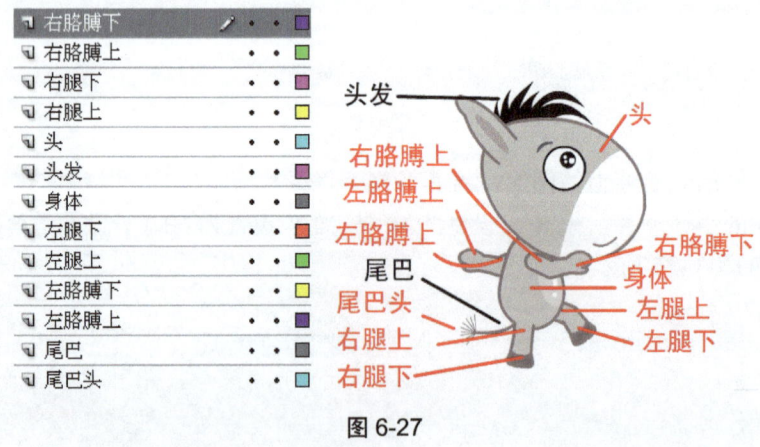

图 6-27

分别绘制 9 个关键帧，如图 6-28 所示。

第6章 跳的基本动作

第1帧　　第3帧　　第5帧　　第7帧

第9帧　　第11帧　　第13帧　　第15帧　　第17帧

图 6-28

绘制完毕后，创建补间动画。头发与尾巴创建补间形状，如图 6-29 所示。

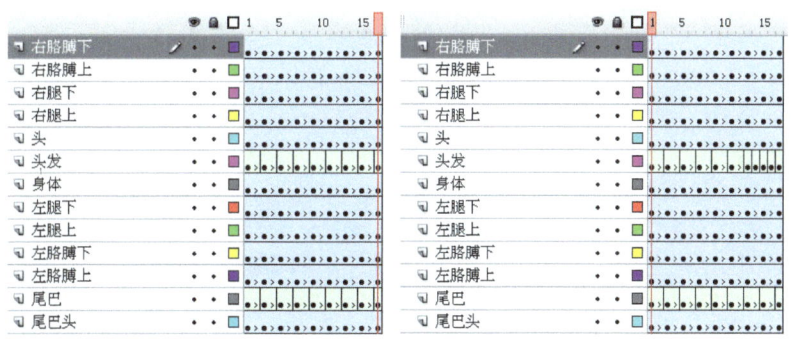

添加关键帧，修改穿帮的镜头。

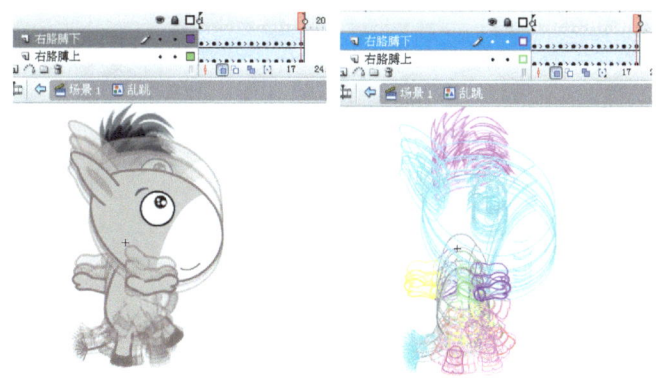

洋葱皮效果截图

图 6-29

6.7.2　Q 版的休闲跳

设置动画为每秒 24 帧播放。

下面先绘制动画的 4 个关键帧，如图 6-30 所示。

第1帧　　　第2帧　　　第3帧　　　第4帧

图 6-30

选中第 2 个关键帧，转换其为元件。双击进入元件，将它增加裙子飘动的动作，如图 6-31 所示。

图 6-31

再选中第 4 个关键帧，也将它转换其为元件。双击进入元件，将它增加裙子飘动的动作，如图 6-32 所示。

图 6-32

返回主时间轴，调整时间轴上的帧数。按 F5 增加一些帧，如图 6-33 所示。

图 6-33

再添加一些关键帧，如图 6-34 所示。

图 6-34

调整帧上的图形，如图 6-35 所示。

图 6-35

调整完毕后，将 3～11 帧、14～22 帧创建补间动画，如图 6-36 所示。

图 6-36

第 7 章　角色的面部表情

普通　　喜　　怒　　哀　　乐

喜怒哀乐这些面部表情让动画角色变得生动活泼。它们的面部基本是由眉、眼、嘴等器官组成的。当我们幻想一个故事剧情，往往会想到各种各样的表情，但一定会很模糊。下面就和大家来一起分享角色的面部表情是如何绘制的，如图 7-1、图 7-2 所示。

普通

先绘制一个较为简单，面无表情的卡通人脸。以此图为基础，去掉眉毛和嘴，形成以下四个小头形。

给四个小头形分别加入新的眉毛和嘴巴后，他们就形成了新的面部表情。

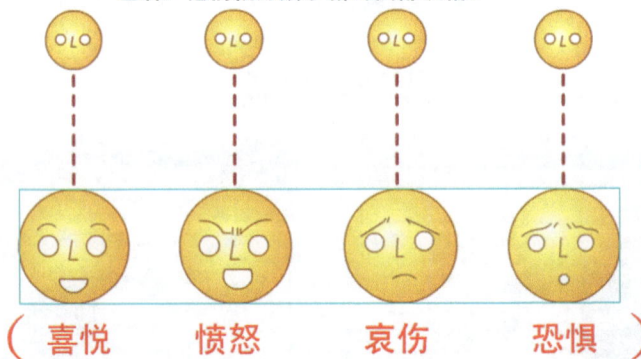

（　喜悦　　愤怒　　哀伤　　恐惧　）

图 7-1

第7章 角色的面部表情

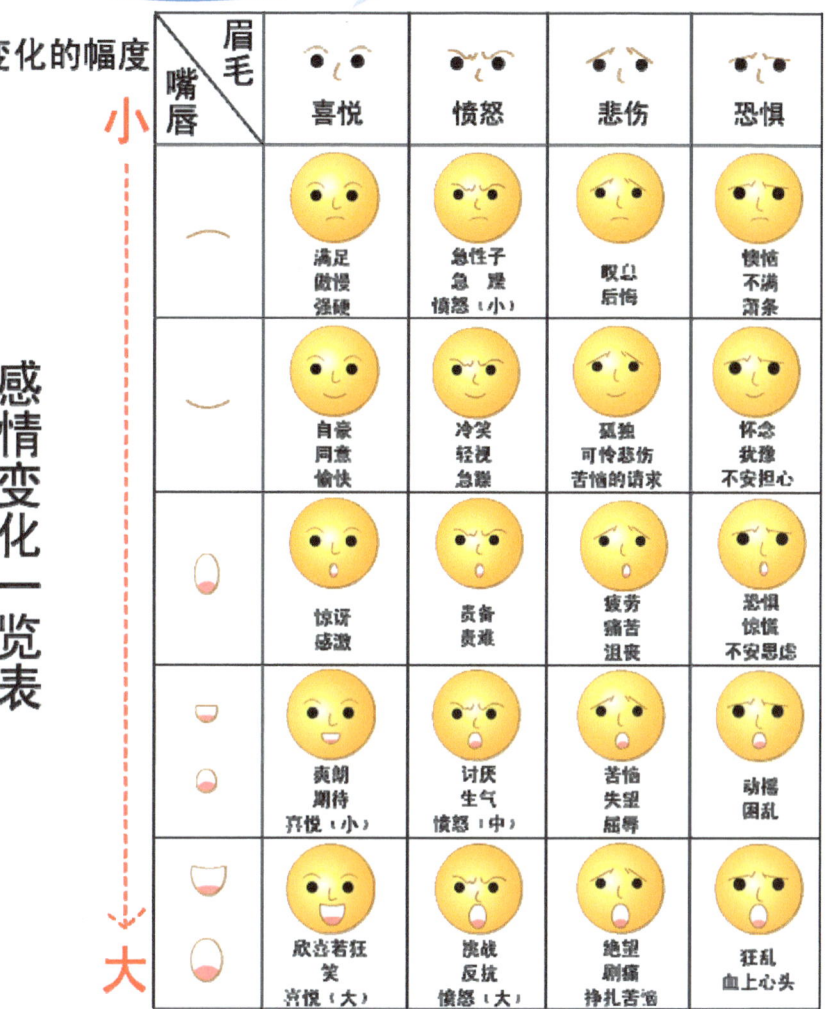

图 7-2

★7.1 捕捉基本的表情范例

生动的人物是指一眼就能轻易地看出其人物的特征。下面就通过一个实例来分析人物的正面脸部的表情特征，如图 7-3 所示。

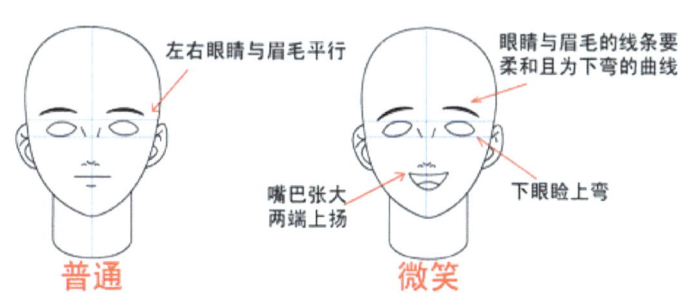

图 7-3

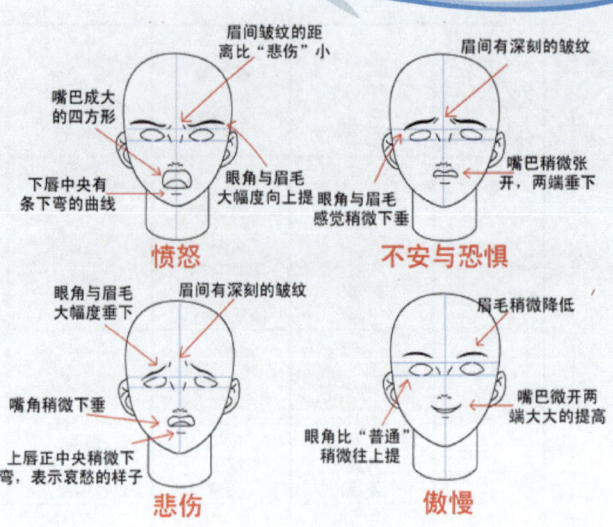

图 7-3（续）

★7.2 捕捉强烈的表情范例

基本的表情分析完毕后，就来挑战一下更加强烈的表情，通过下面的例子想一想自己会有哪一种表情，这也往往是"大师"的诀窍，如图 7-4 所示。

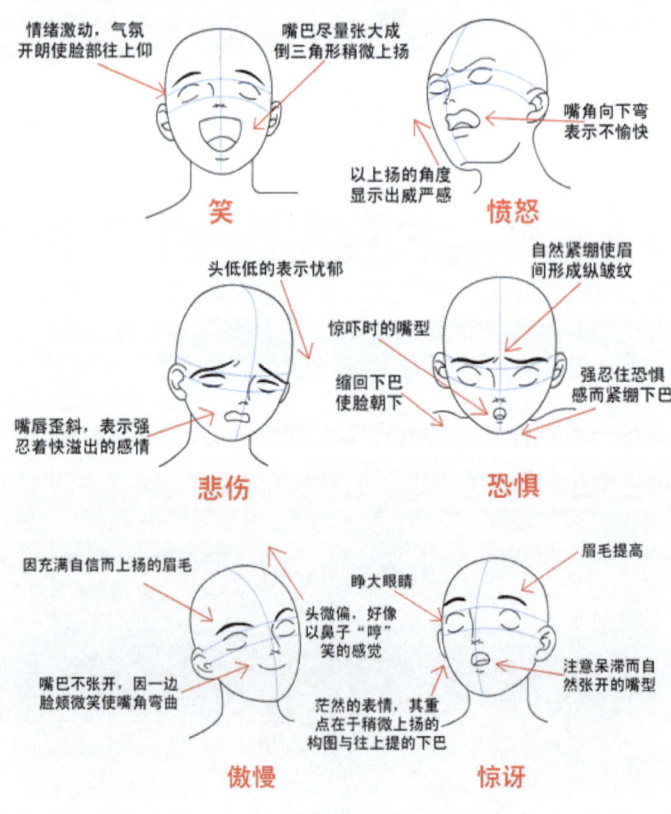

图 7-4

★ 7.3 卡通人物的表情

卡通人物的表情（男）（见图 7-5）

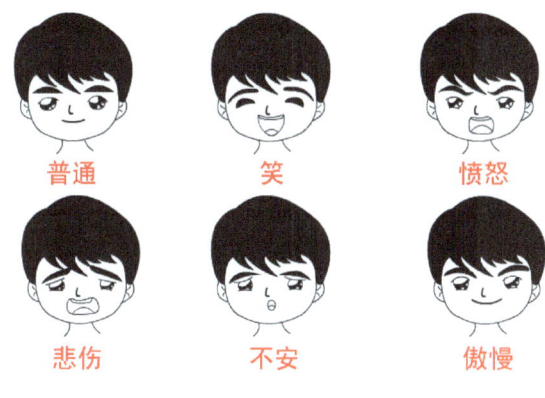

图 7-5

卡通人物的表情（女）（见图 7-6）

图 7-6

★ 7.4 各种表情预览

表情预览，如图 7-7 所示。

图 7-7

图 7-7（续）

★ 7.5 表情的改变

我们要制作一个人物逐渐地把眉毛皱起来，停顿一下，然后抬起一只眉毛，朝这边瞥了一眼，它的动画效果应该是什么样子？如图 7-8 所示。

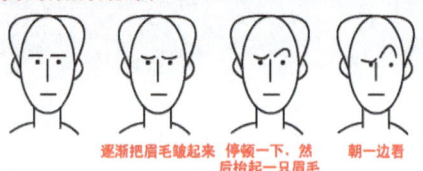

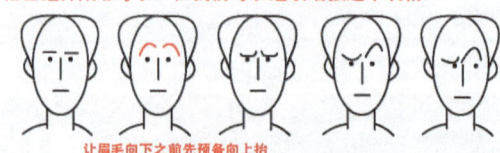

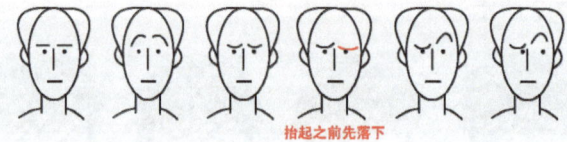

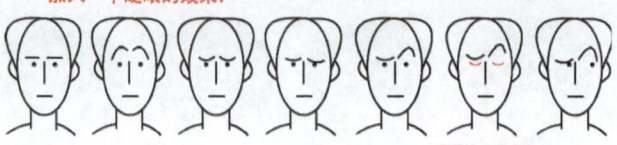

图 7-8

★ 7.6　动态表情的制作

实训 9　各种表情的制作

学习目标

- 掌握各种表情的运动规律。
- 掌握空间幅度的应用。

项目赏析

效果图如图 7-9 所示。

图 7-9

操作步骤

下面动作均可以做为 QQ 表情。

各种笑的动态分解：

大笑（见图 7-10）

图 7-10　嘴巴张大，眼睛完全闭起来

将动画所需要的部位转换为元件，如图 7-11 所示。

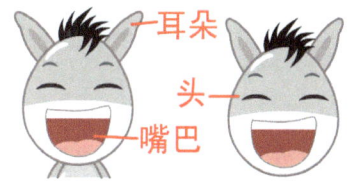

图 7-11

转换为元件后，分别对元件内部进行编辑，如图 7-12 所示。

耳朵元件　　　　　　　　　　　嘴巴元件

耳朵上下轻微运动　　　　　　　嘴巴也轻微地发生由大变小的变化

第 1 帧　　　　　第 4 帧　　　　　第 8 帧

头部元件做上下轻微的晃动，并且创建补间动画。

图 7-12　时间轴截图

用以上方法举一反三制作下列表情。

坏笑、偷笑（见图 7-13）

图 7-13

眼睛微微睁开，中间画的眼睛要更小一些，用手捂住嘴巴，形成坏笑。

呲牙傻笑（见图 7-14）

眉毛向上微阔，眼睛上挑，嘴巴张大露出牙齿

图 7-14

★7.7 各种发怒的动态分解

生气、怒吼（见图7-15）

图 7-15

发怒（见图7-16）

发怒让身体微微颤抖

图 7-16

暴怒（见图7-17）

图 7-17

★ 7.8 各种哭的动态分解

效果图如图 7-18、图 7-19 所示。

受了委屈，眼泪从眼角留出

眼睛紧闭，眉毛向下，嘴巴张大，泪如雨下

图 7-18

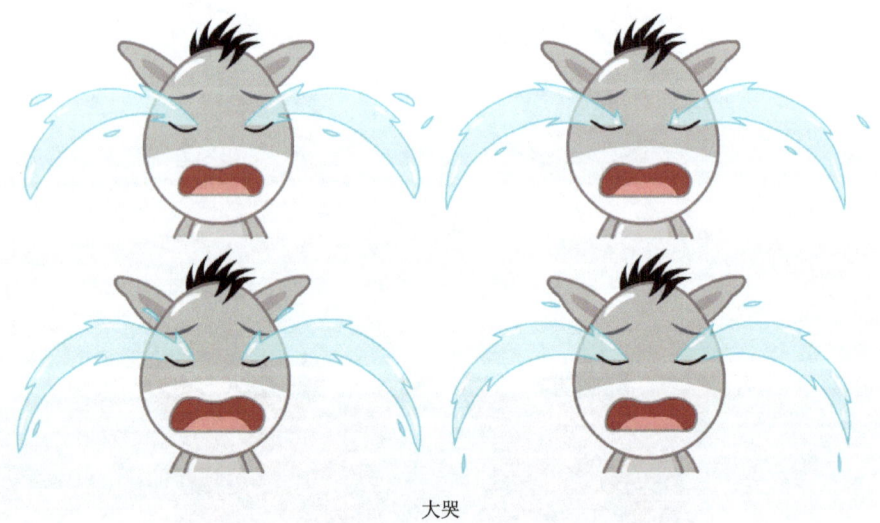

大哭

图 7-19

各种眼泪的表现方式，如图 7-20、图 7-21 所示。

第7章 角色的面部表情

图 7-20

图 7-21

★ 7.9 流汗的动态分解

流汗的动态分解如图 7-22、图 7-23 所示。

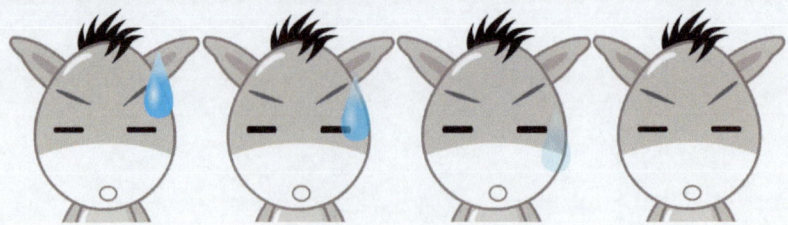

大汗滴，由上而下流出。汗颜！

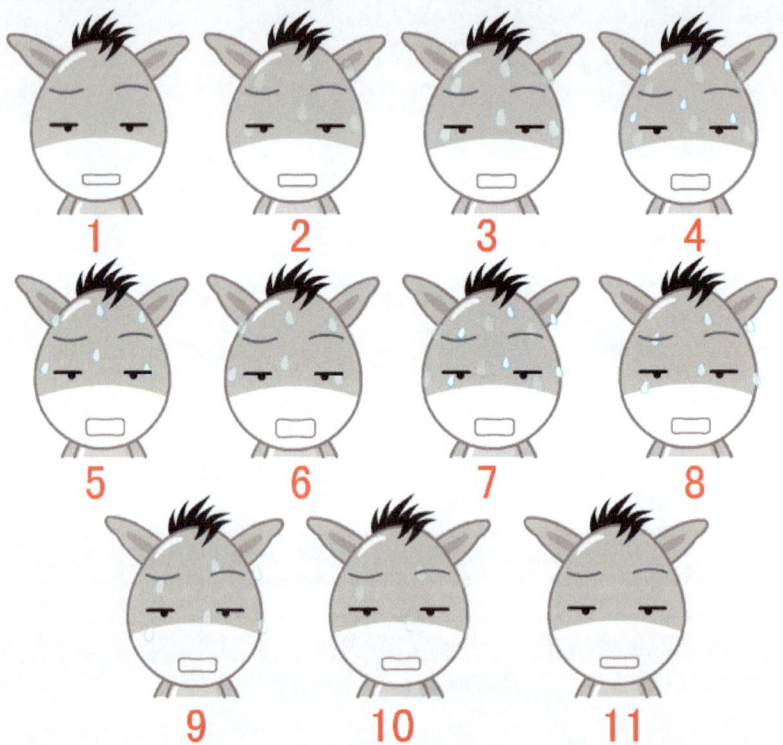

气喘吁吁，大汗淋漓

图 7-22

汗如雨下

图 7-23

★ 7.10 各种动态表情分解

流口水（见图7-24）

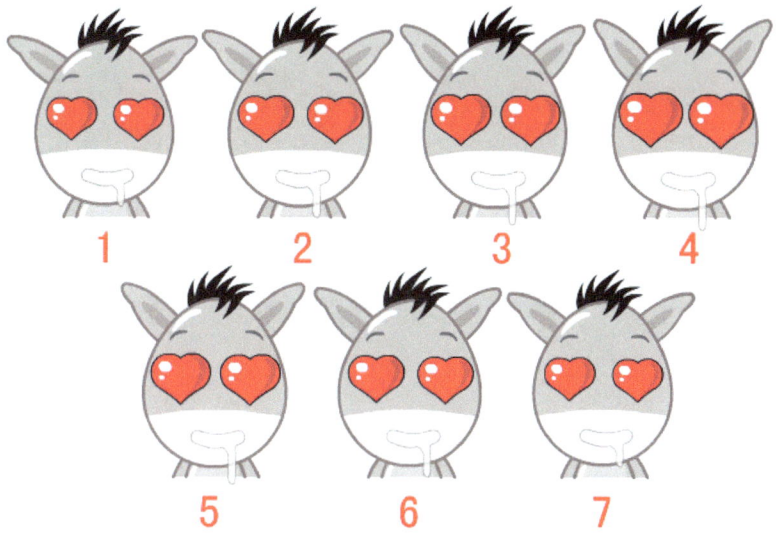

喜欢，心爱的流口水的表情

图 7-24

睡觉（见图7-25）

睡觉流鼻涕的表情

图 7-25

眩晕（见图7-26）

眼睛成圆圈状，舌头吐出，眼冒金星

图 7-26

★7.11 口型与说话制作

图 7-27

人们在发元音字母，A、E、I、O、U 的时候嘴是张开的。
发辅音字母 B、M、P、F、T、V 的时候嘴是闭上的。
在实际生活中，许多发音部位是相互矛盾的，每个人都带有个人的风格。

第7章 角色的面部表情

图 7-28

嘴部的逐步变化分析

嘴部的逐步变化如图 7-29 所示。

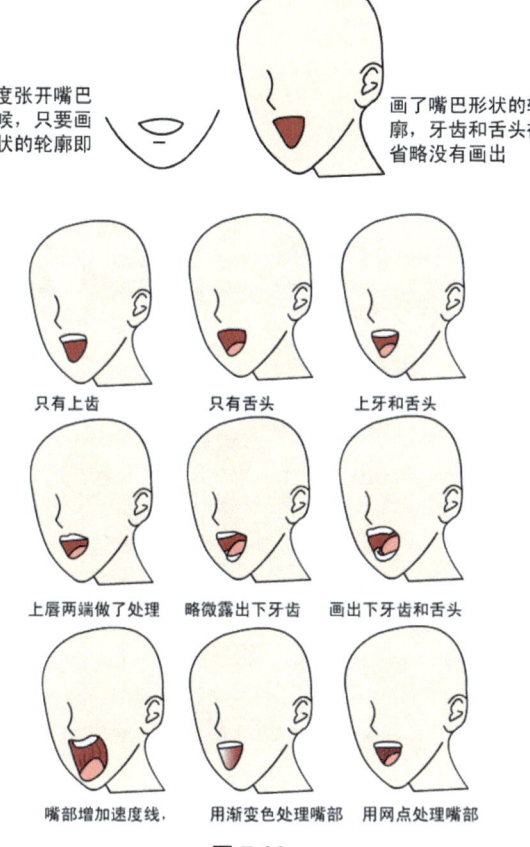

图 7-29

★ 7.12 各种口型一览

写实、卡通（见图 7-30）

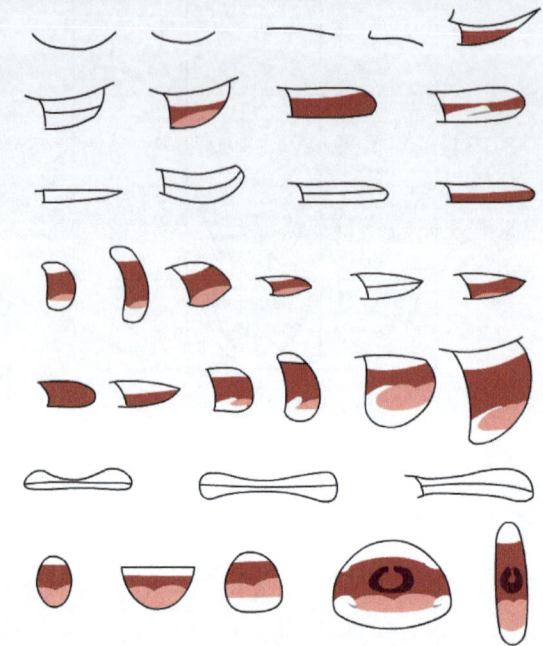

图 7-30

卡通、Q 版（见图 7-31）

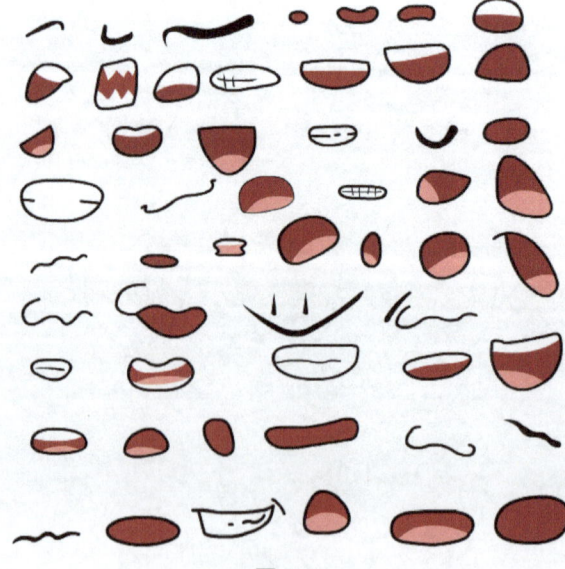

图 7-31

实训 10　说话的逐步分解

学习目标

- 掌握嘴部的运动规律。
- 掌握空间幅度的应用。

项目赏析

效果图如图 7-32 所示。

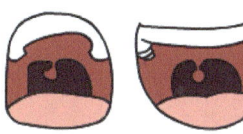 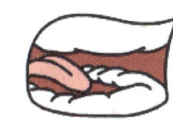 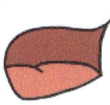 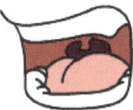

图 7-32

操作步骤

设置动画为每秒播放 24 帧。仔细观察嘴部运动的变化。

比较写实的做法：普通地说话，如图 7-33 所示。

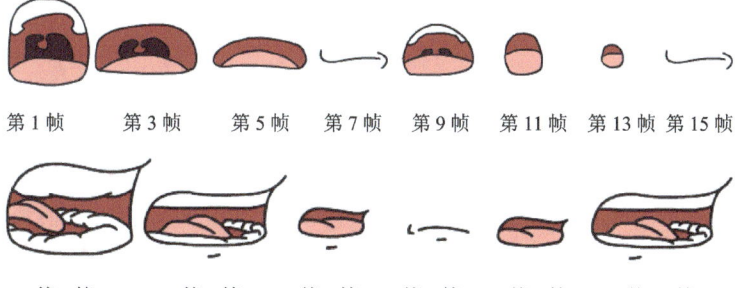

图 7-33

高兴地说话，如图 7-34 所示。

图 7-34

严厉地说话，如图 7-35 所示。

第1帧　　第3帧　　第5帧

图 7-35

卡通的做法：正常地说话，如图 7-36 所示。

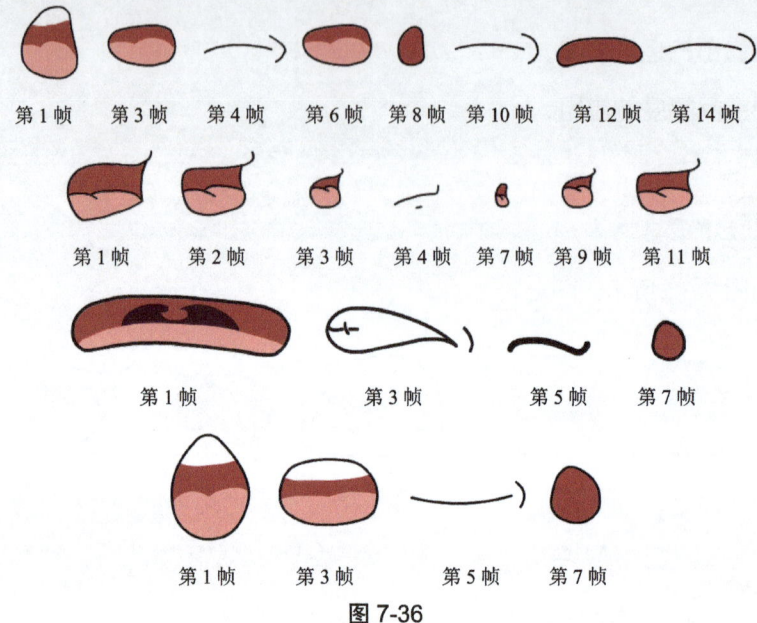

图 7-36

开心地说话，如图 7-37 所示。

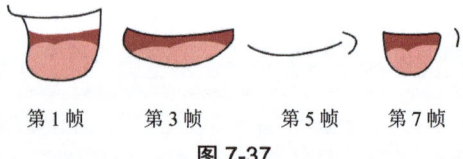

图 7-37

另外一种风格，如图 7-38 所示。

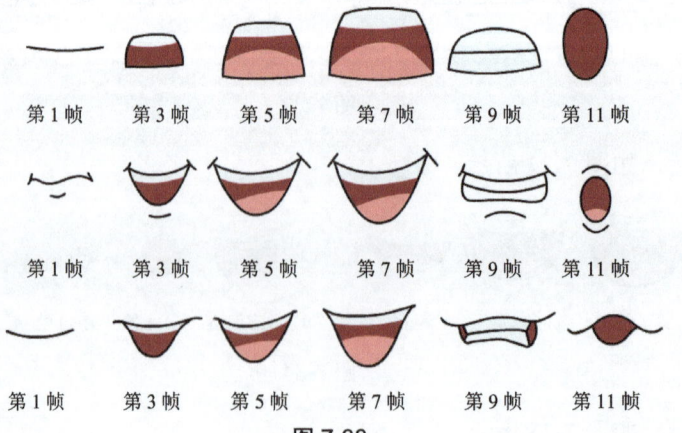

图 7-38

Q版的风格，如图7-39所示。

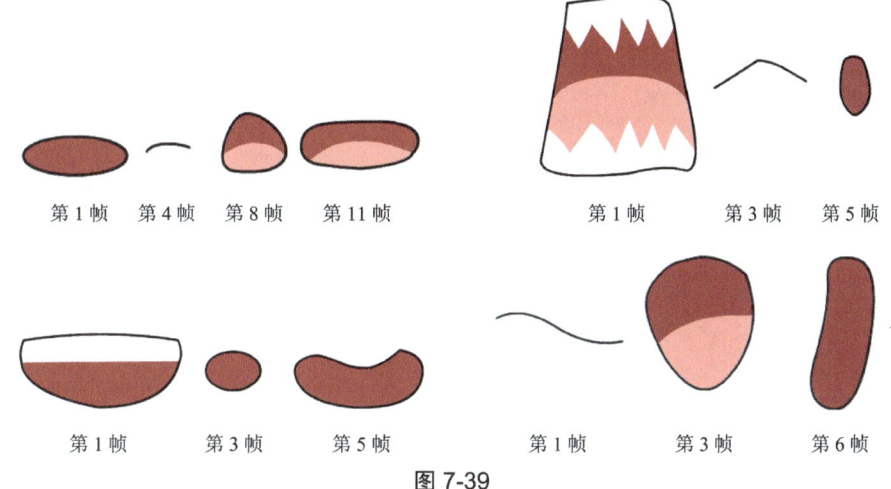

图 7-39

侧面，如图7-40所示。

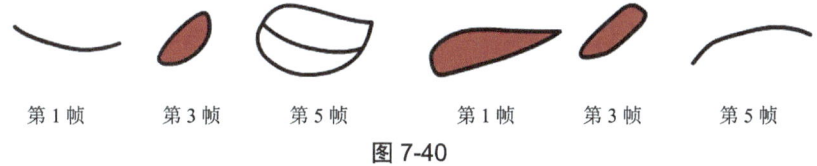

图 7-40

无线条风格，如图7-41所示。

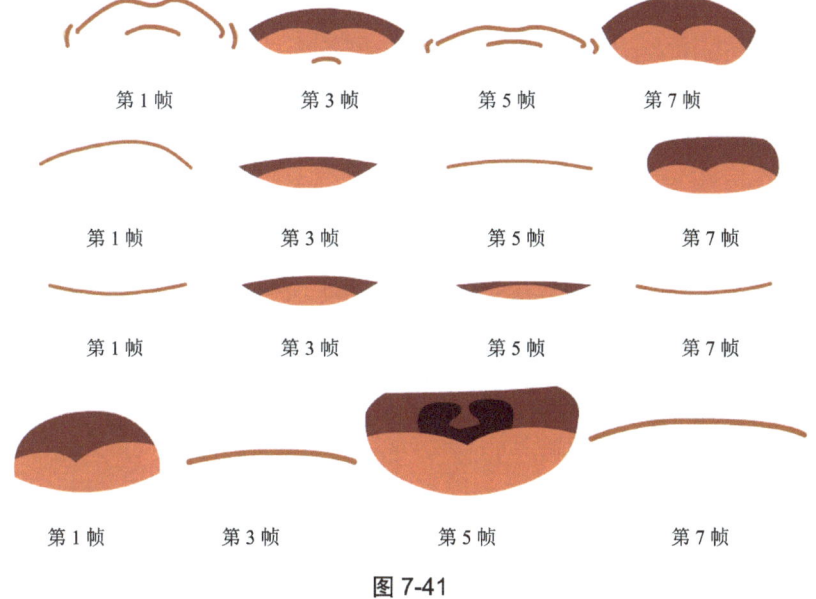

图 7-41

眼睛鼻子与耳朵的绘制

★ 7.13 眼睛的绘制

效果图如图 7-42 所示。

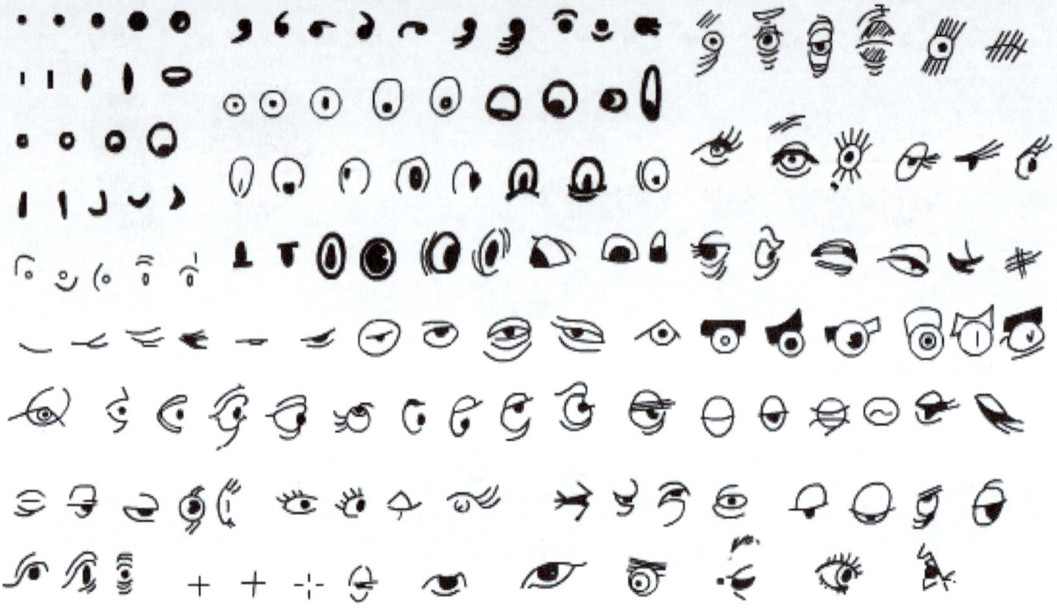

图 7-42

★ 7.14 鼻子的绘制

效果图如图 7-43 所示。

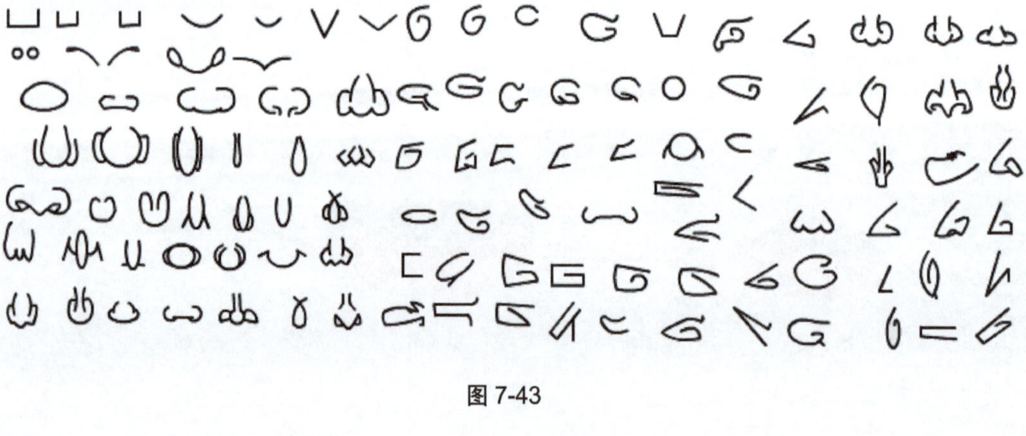

图 7-43

7.15 耳朵的绘制

效果图如图 7-44 所示。

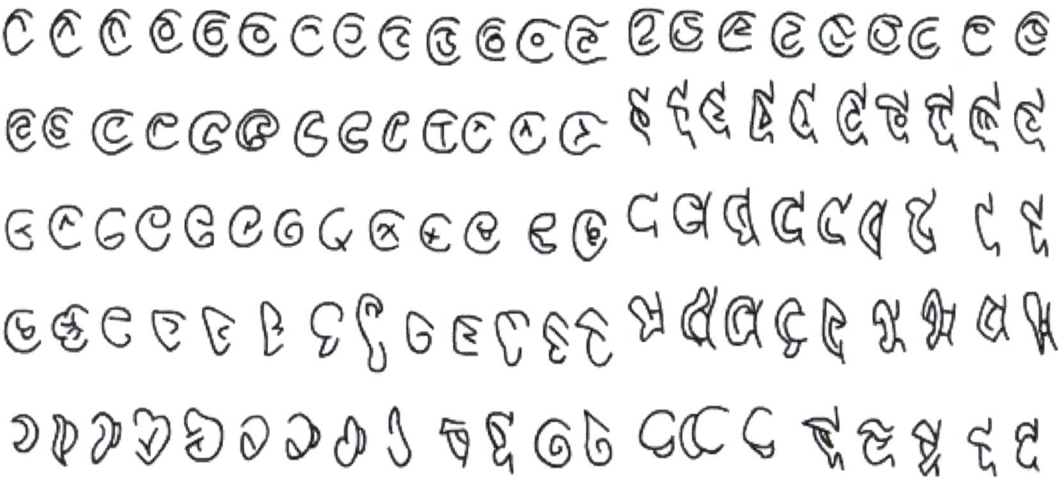

图 7-44

第8章　各种手型的绘制

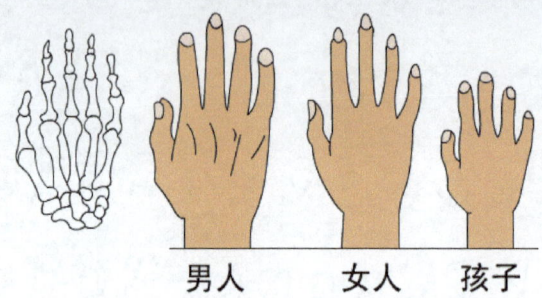
男人　　女人　　孩子

在动画的制作中，除了生动的表情外，让角色有一双灵活生动的"手"也是很重要的，如果角色是一个聋哑人，那么手上的动作就显得更加重要，如图8-1所示。

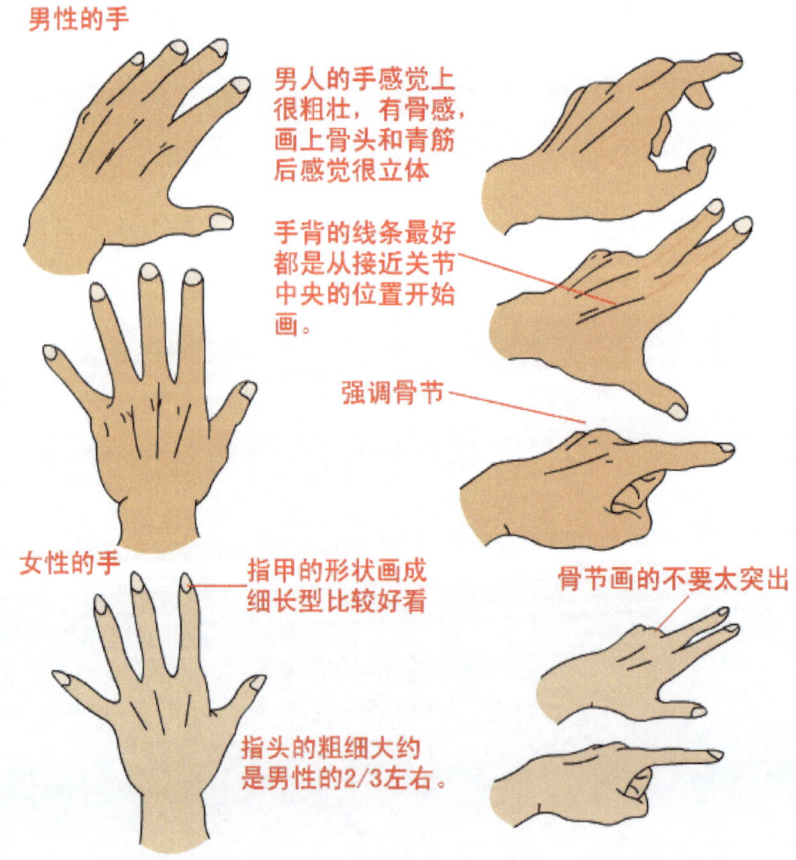

男性的手

男人的手感觉上很粗壮，有骨感，画上骨头和青筋后感觉很立体

手背的线条最好都是从接近关节中央的位置开始画。

强调骨节

女性的手

指甲的形状画成细长型比较好看

骨节画的不要太突出

指头的粗细大约是男性的2/3左右。

图8-1

第8章 各种手型的绘制

★8.1 手的各种姿势（写实风格）

效果图如图8-2所示。

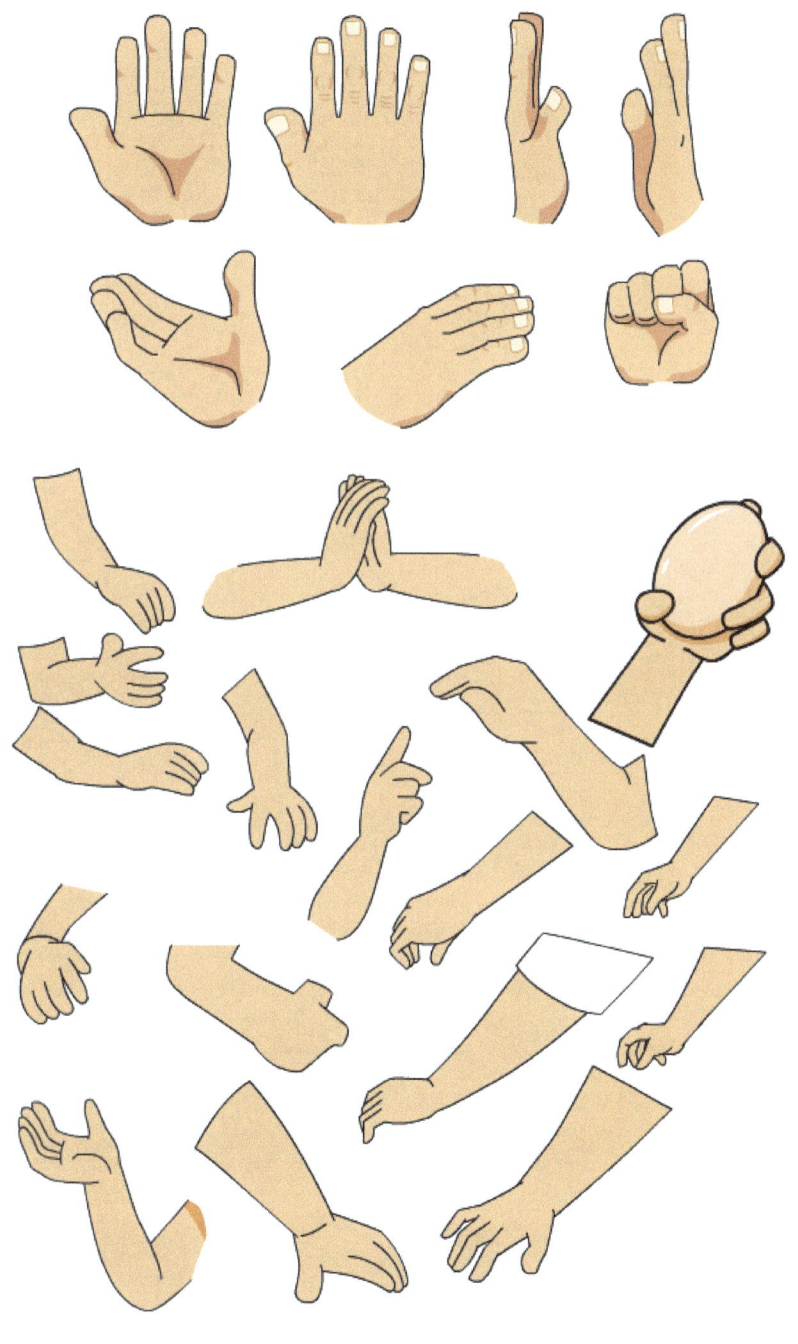

图 8-2

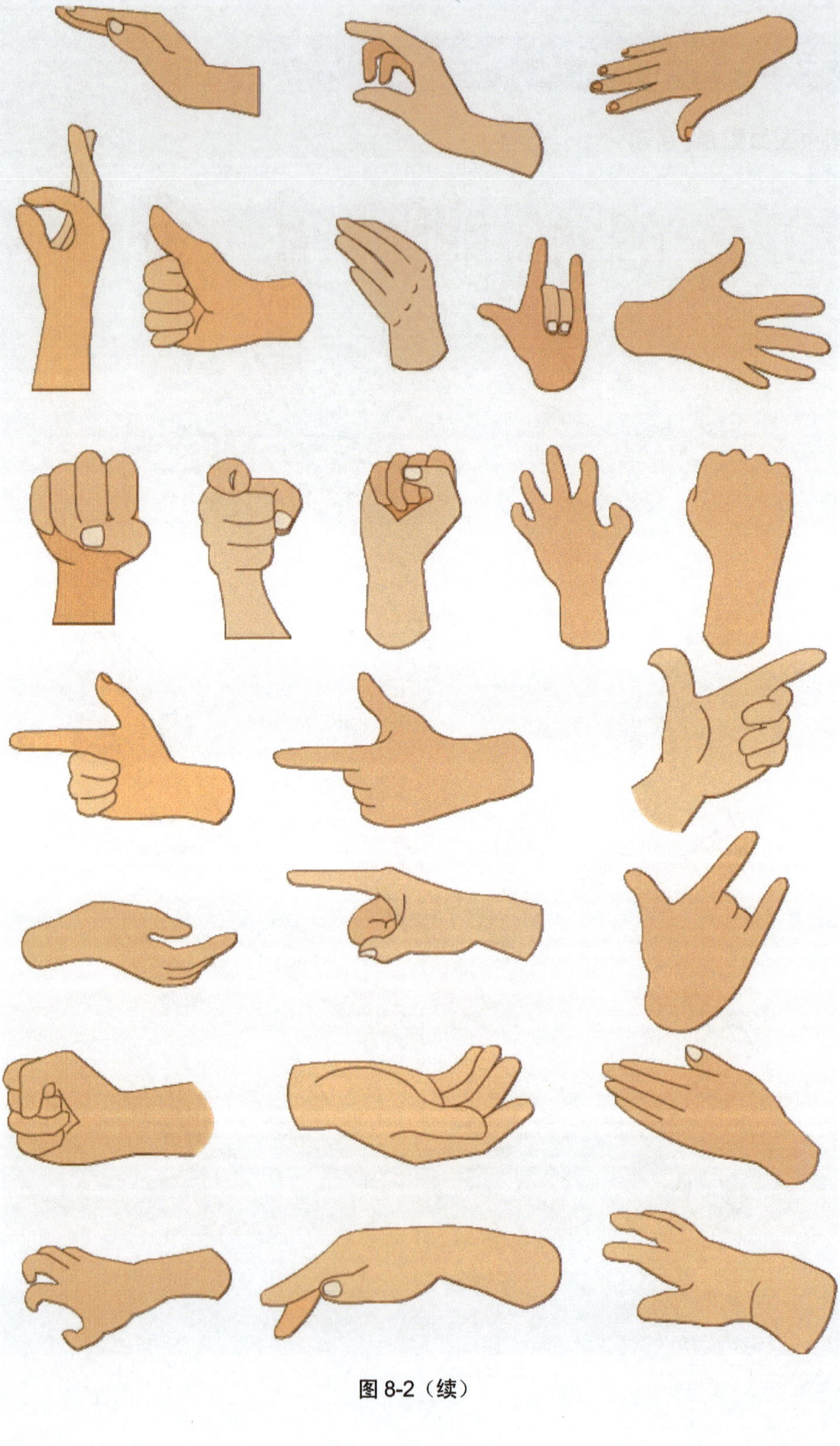

Flash动画运动规律与原画绘制

图 8-2（续）

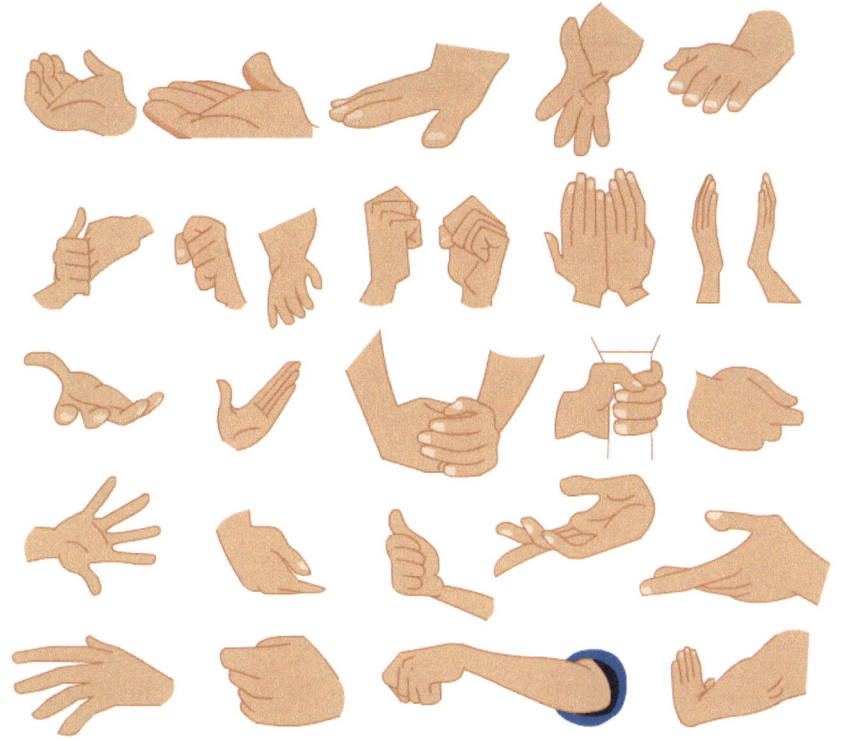

图 8-2（续）

★8.2 手的各种姿势（卡通风格）

效果图如图 8-3 所示。

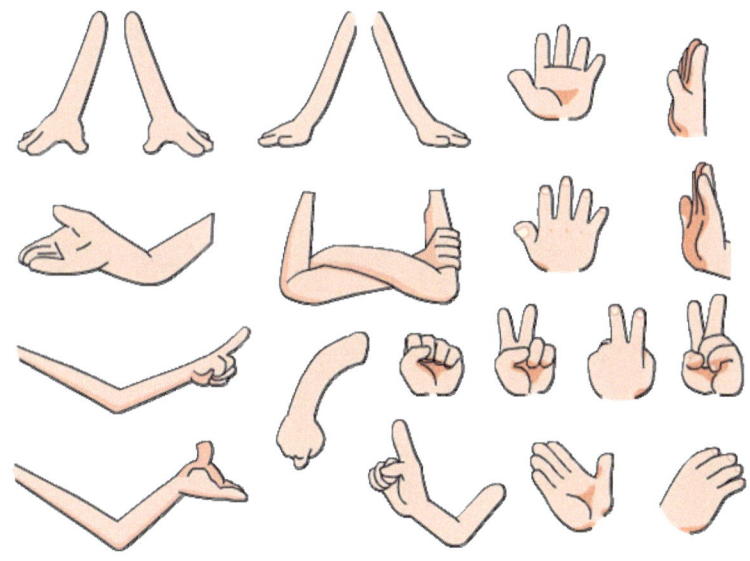

图 8-3

★8.3 手的各种姿势（Q版风格）

效果图如图8-4所示。

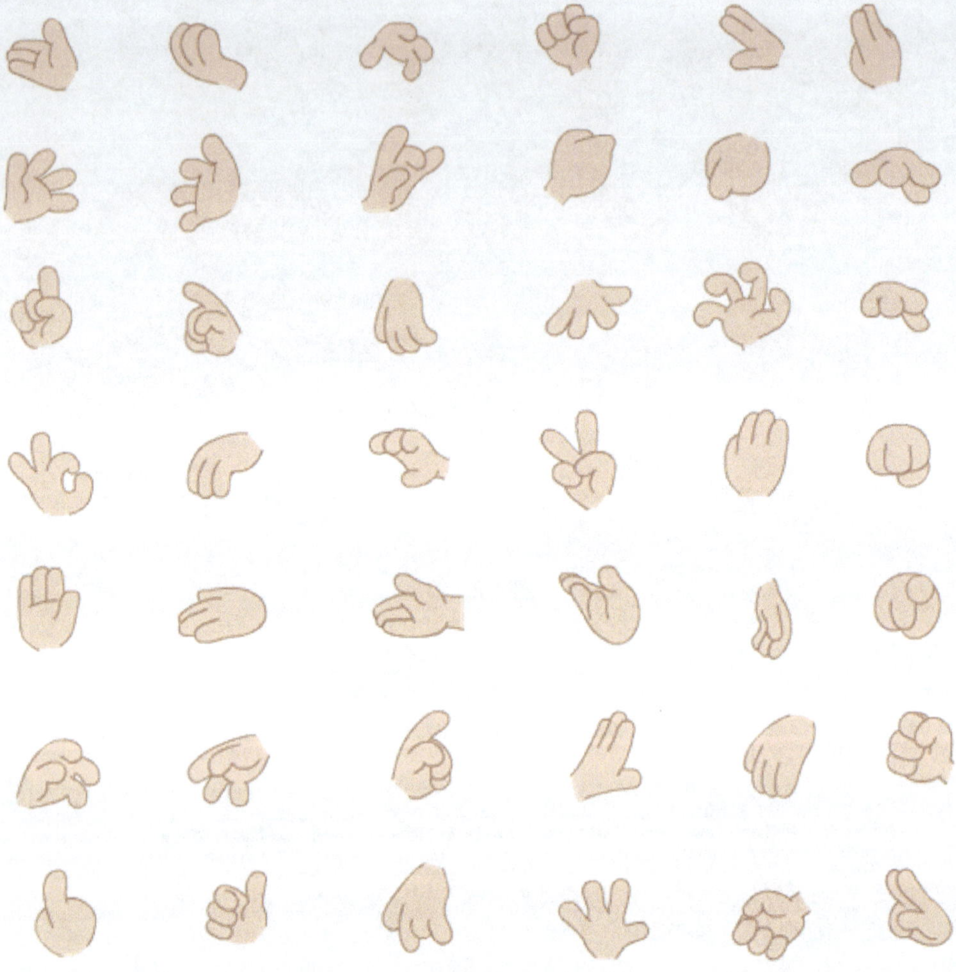

图8-4

第 9 章　动物的动作

　　4 条腿的动物走路时就像两个人一起走，其中一个稍微在另一个的前面，两组腿稍稍不对称地走。

　　做一个小例子，分别绘制一个人，和一个两条腿的动物。再看看他们与 4 条腿动物的共同之处，如图 9-1 所示。

看似毫不相干的一个鸵鸟和一个人

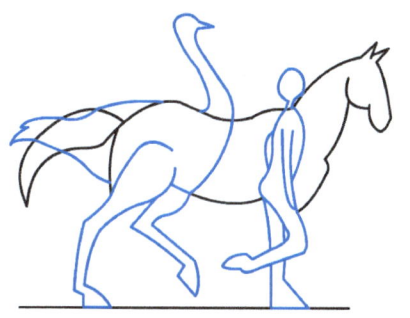

但他们却形成了一匹马的行走

图 9-1

　　用 4 肢行走的人和动物的行走有异曲同工之妙。
　　下面就通过各种动物的行走实例，来学习动物的运动规律。

实训 11　小狗的各种运动

学习目标

- 掌握小狗的运动规律。
- 掌握空间幅度的应用。

项目赏析

效果图如图 9-2 所示。

侧面走

侧面跑

正面走

正面跑

背面走

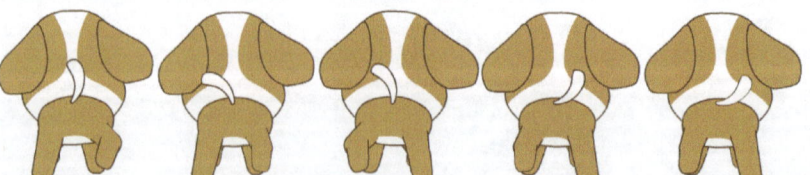

背面跑

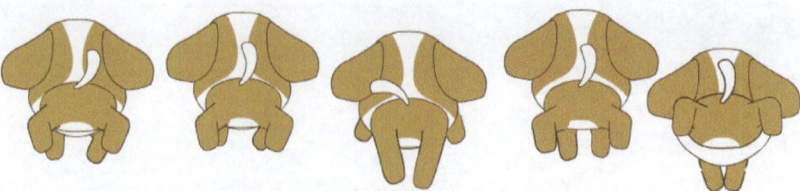

图 9-2

操作步骤

侧面走

Step 01 设置动画为每秒播放 24 帧。用 32 帧完成小狗的两步行走身体的每个部位分别转换为元件，如图 9-3 所示。

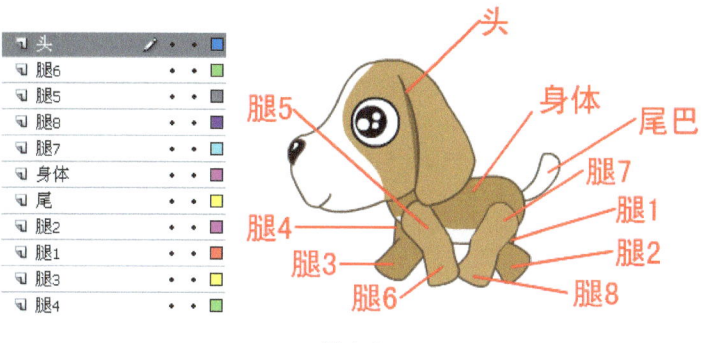

图 9-3

Step 02 和制作人物时一样，要给小狗的四肢增加关节，如图 9-4 所示。

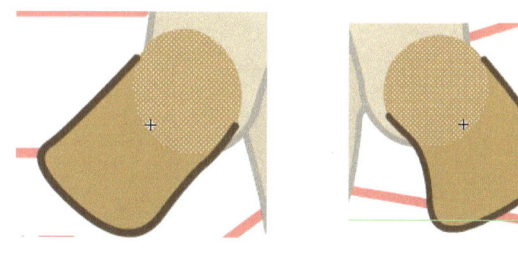

图 9-4

Step 03 绘制动作的 5 个关键帧。调节出辅助线可以帮助给动作定位，如图 9-5 所示。

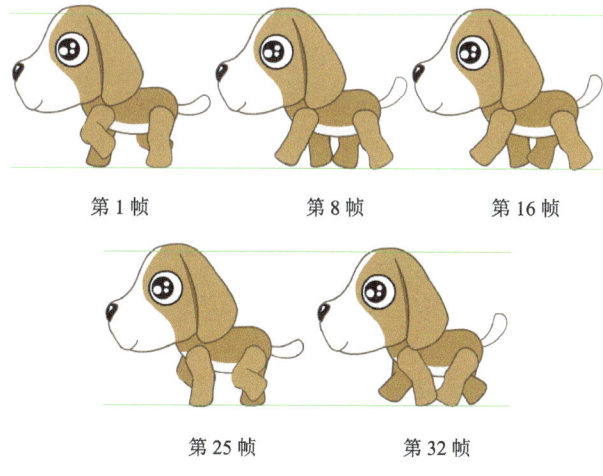

图 9-5

Step 04 关键帧绘制完毕后，创建补间动画，如图 9-6 所示。

源文件洋葱皮效果截图

图 9-6

侧面跑

侧面跑与侧面走动画设置相同，同为每秒 24 帧，元件设置也相同。动画需要 6 个关键帧，来完成跑步的动作，如图 9-7 所示。

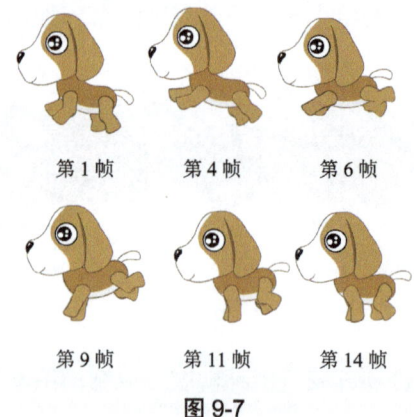

图 9-7

调整完毕后，创建补间动画，如图 9-8 所示。

动画源文件截图

图 9-8

正面走

动画同样设置为每秒播放 24 帧，将身体的每个部位分别转换为元件，如图 9-9 所示。

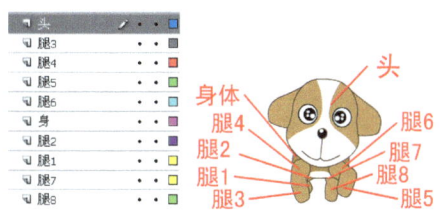

图 9-9

绘制动作的 5 个关键帧，如图 9-10 所示。

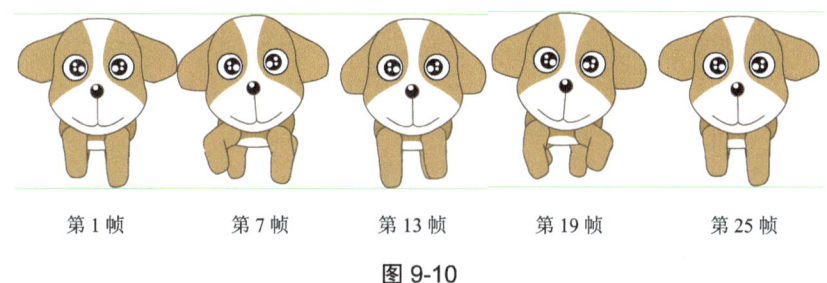

图 9-10

关键帧绘制完毕后，还可以修饰耳朵的细节，让其增加上下晃动，如图 9-11 所示。

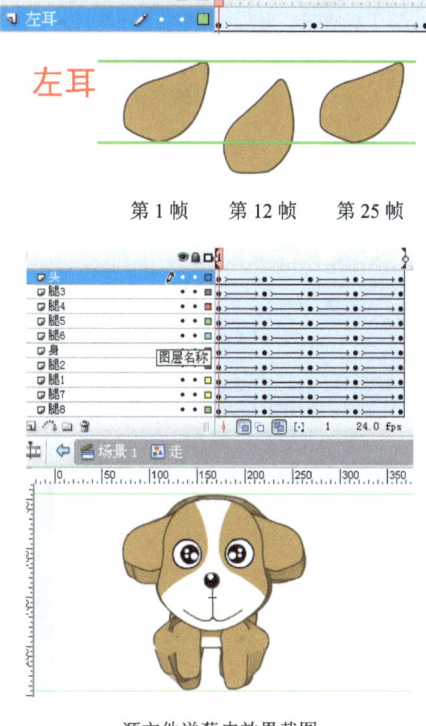

源文件洋葱皮效果截图

图 9-11

正面跑

正面跑与正面走动画设置相同，同为每秒 24 帧，元件设置也相同。
动画需要 6 个关键帧来完成跑步的动作，如图 9-12 所示。

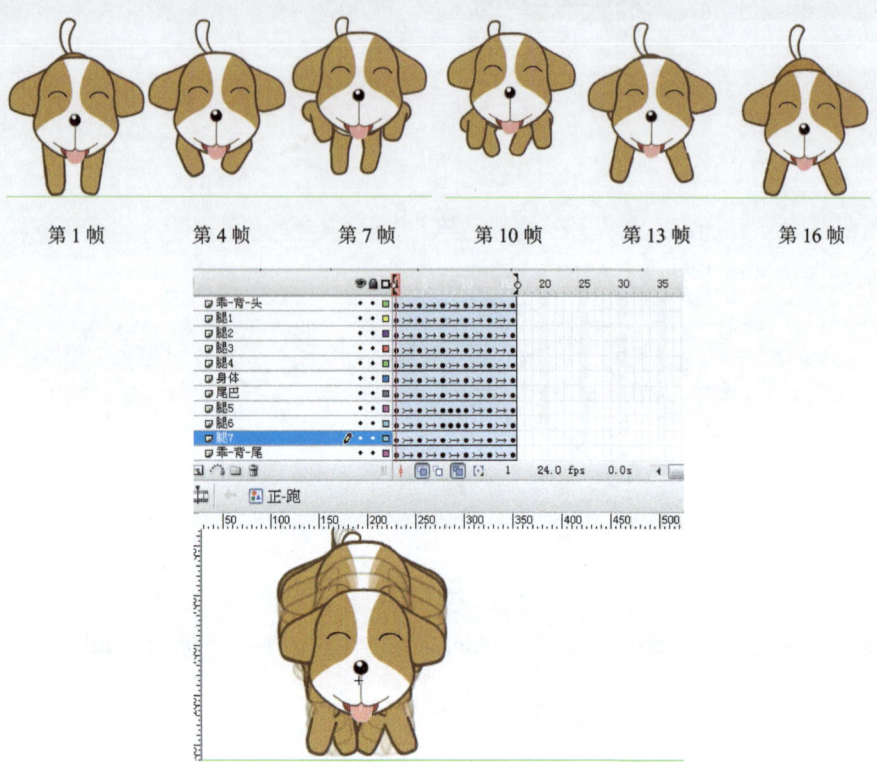

第 1 帧　　第 4 帧　　第 7 帧　　第 10 帧　　第 13 帧　　第 16 帧

源文件洋葱皮效果截图

图 9-12

背面走

动画同样设置为每秒播放 24 帧，将身体的每个部位分别转换为元件，如图 9-13 所示。

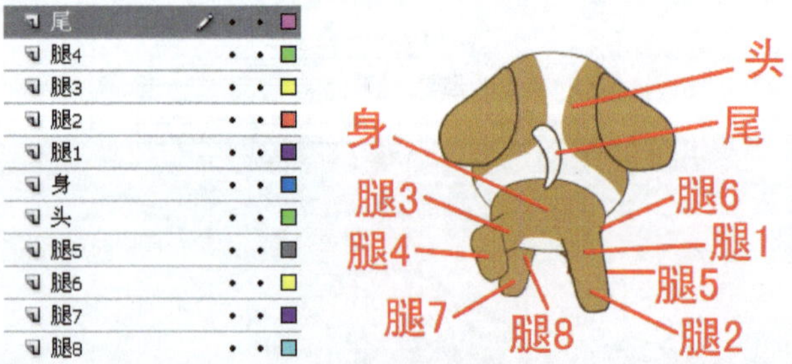

图 9-13

绘制动作的 5 个关键帧，如图 9-14 所示。

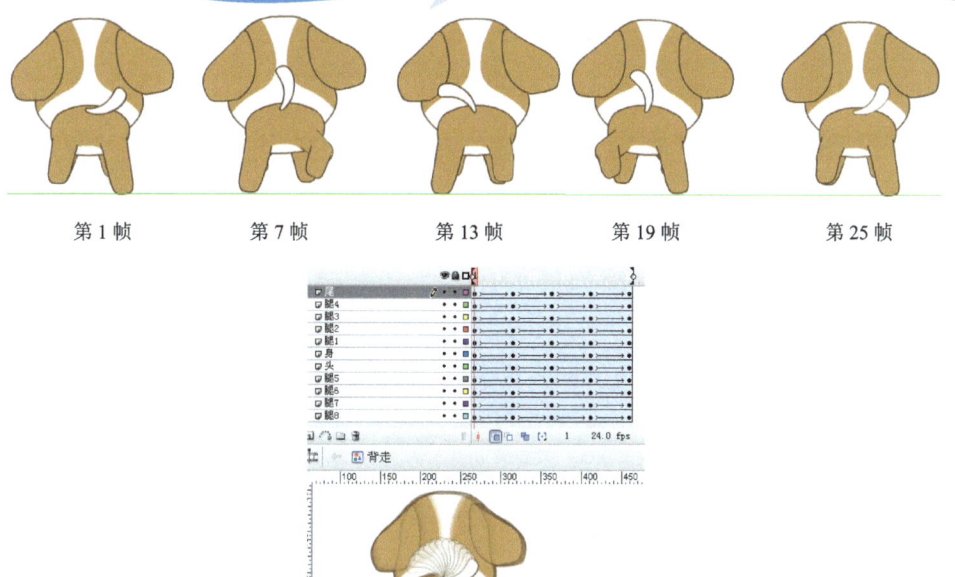

第 1 帧　　　第 7 帧　　　第 13 帧　　　第 19 帧　　　第 25 帧

图 9-14

背面跑

背面跑与背面走的动画设置相同，同为每秒 24 帧，元件设置也相同。
动画需要 6 个关键帧，来完成跑步的动作，如图 9-15 所示。

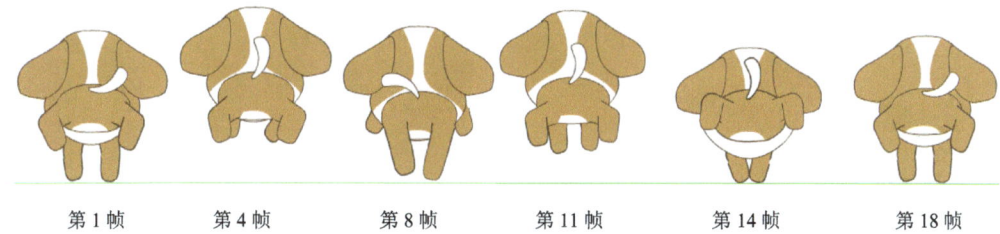

第 1 帧　　第 4 帧　　第 8 帧　　第 11 帧　　第 14 帧　　第 18 帧

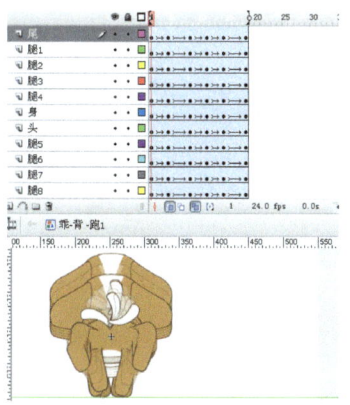

时间轴洋葱皮效果

图 9-15

★ 9.1 四肢类动物的运动规律

四肢类动物的运动规律基本是由奔跑和行走形成的，动物开始起步时，如果是右前足先向前，对角线的左足就会跟着向前走，接着是左前足向前走，随后是右后足跟着向前走；接着又是另一次右前足向前，左后足跟着向前，左前足向前，右后足跟着，这样一直循环下去。

马的跑动

设置动画为每秒 24 帧，用逐帧的方式绘制马匹的奔跑，如图 9-16、图 9-17 所示。

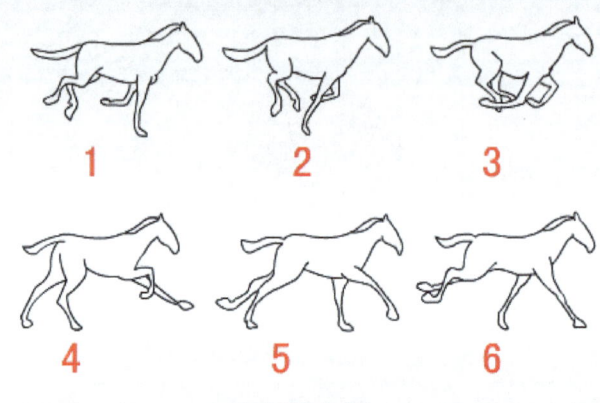

写实风格的奔跑

图 9-16

图 9-17

马的四肢比较舒展，跑速较快。下面推荐一些动物可借鉴马跑的动作制作奔跑：驴、骆驼、犀牛等。

小猫的跑动

每秒 24 帧一拍二的方式进行制作，如图 9-18 所示。

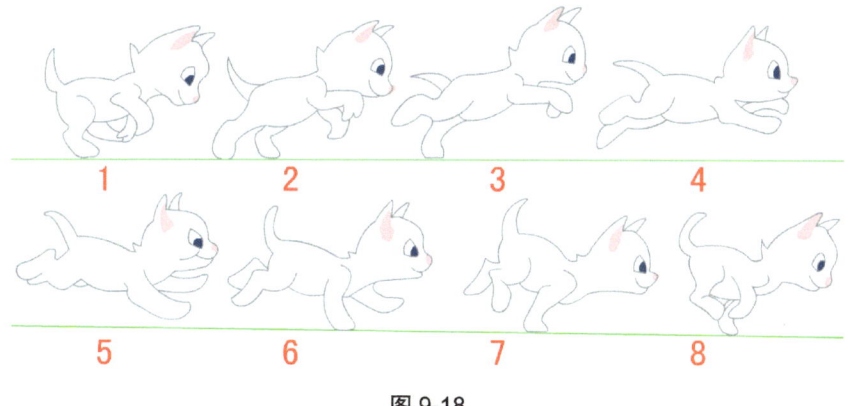

图 9-18

狮、虎、豹的跑动

每秒 24 帧一拍二的方式进行制作，如图 9-19 所示。

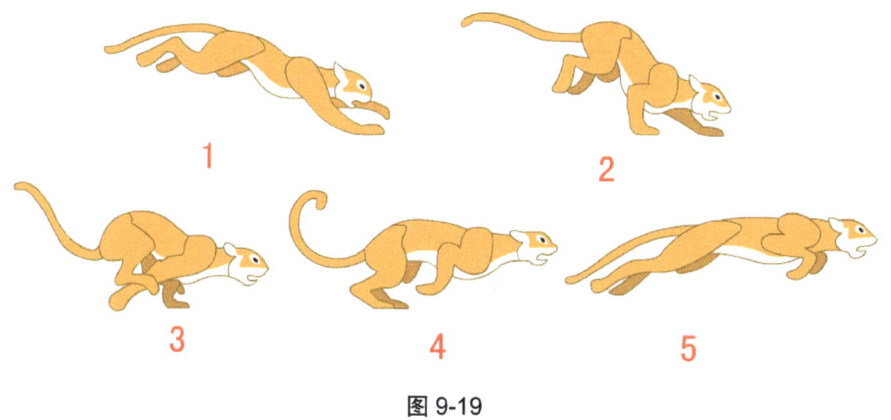

图 9-19

狼的跑动

每秒 24 帧一拍二的方式进行制作，如图 9-20 所示。

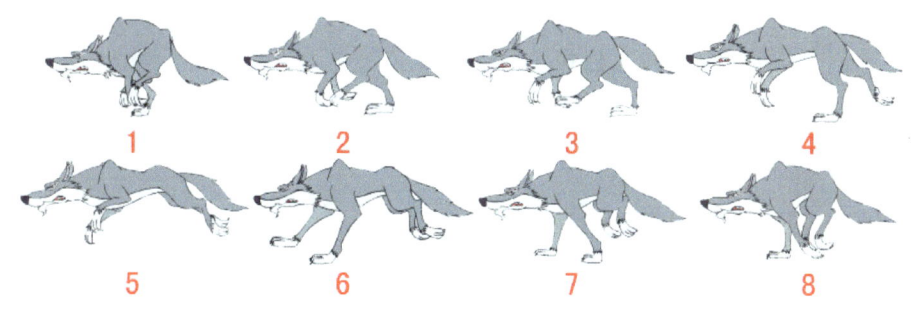

图 9-20

鹿的跑动

每秒 24 帧一拍二的方式进行制作，如图 9-21 所示。

图 9-21

★9.2 飞行类的运动规律

鸟类能够在天空中自由飞翔,是由于它们有 4 个组成飞行能力的部分:翅膀、尾巴、腿和身体。翅膀的作用可以产生飞行动力;尾巴可以使鸟飞得平稳机动;鸟腿的起飞和着陆的工具,鸟身除了把各个部分连成一个整体,附在身上的飞行肌肉可以驱动翅膀,产生力量。下面就来学习各种鸟类的飞行规律。

黄雀的飞动

设置动画为每秒 24 帧,用一拍二的方式制作,如图 9-22 所示。

图 9-22

黄雀等小型鸟类动物,体型比较小,翅膀挥动迅速,只需要两个关键帧就能让翅膀上下挥动。在制作第 2 个关键帧的时候,让身体轻微的产生一些幅度,这样会更加真实。

乌鸦的飞动

设置动画为每秒 24 帧,用一拍二的方式制作,如图 9-23 所示。

图 9-23

乌鸦的个头稍微大一些，可以增加一个关键帧，让它的翅膀挥动慢一些。

鸽子的飞动

设置动画为每秒 24 帧，用一拍二的方式制作，如图 9-24 所示。

翅膀变大，飞行速度变低，帧数增加

图 9-24

老鹰的飞动

设置动画为每秒 24 帧，用一拍二的方式制作，如图 9-25 所示。

老鹰、秃鹫、信天翁等大型鸟类，翅膀较大，飞行动作舒展

图 9-25

鸟的正面飞动

设置动画为每秒 24 帧,可以用一拍一,也可以用一拍二,如图 9-26 所示。

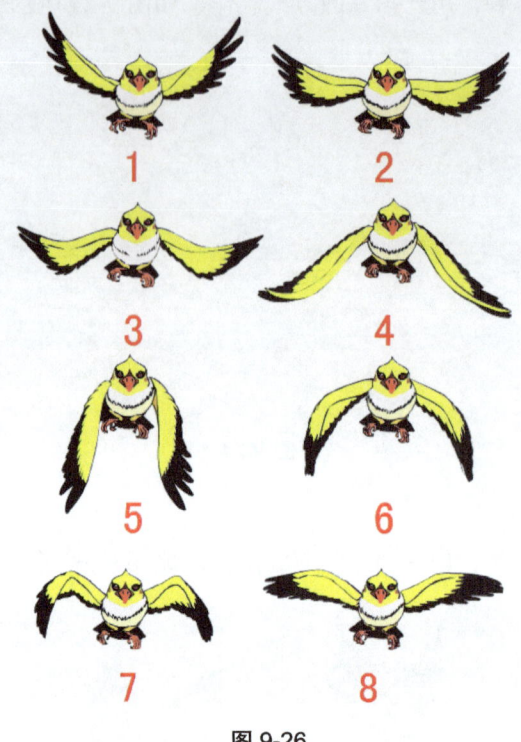

图 9-26

一拍一的方式动作速度快,表现比较着急地飞行;一拍二的方式动作悠闲缓慢,表现正常地飞行。

鸟的飞动(俯视图)

设置动画为每秒 24 帧,用一拍二的方式制作,如图 9-27 所示。

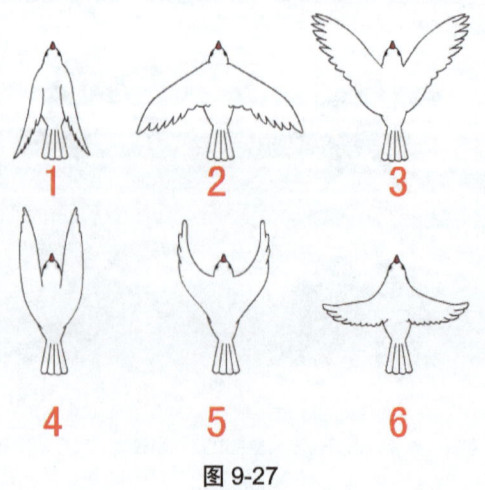

图 9-27

蝙蝠的飞动

设置动画为每秒 24 帧，用一拍一的方式制作，如图 9-28 所示。

图 9-28

蝙蝠的翅膀扇动较快，用一拍一的方式进行制作。

蜜蜂的飞动

设置动画为每秒 24 帧，用一拍一的方式制作，如图 9-29 所示。

图 9-29

蜜蜂、蜻蜓等昆虫身体较小，翅膀挥动极为迅速，所以就需用一拍一的方式制作，并在一个关键帧上绘制多个翅膀达到效果。

蝴蝶的飞动

设置动画为每秒 24 帧，用一拍二的方式制作，如图 9-30 所示。

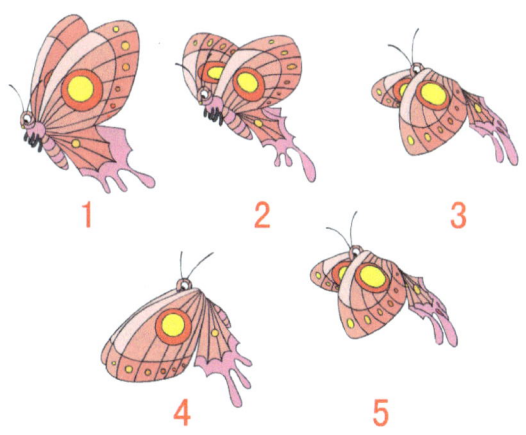

图 9-30

蝴蝶的翅膀较大，飞动起来较为舒展，身体也有较大的空间幅度。

9.3 爬行类动物的动作

蛇的爬动

设置动画为每秒 24 帧，用一拍二的方式制作，如图 9-31 所示。

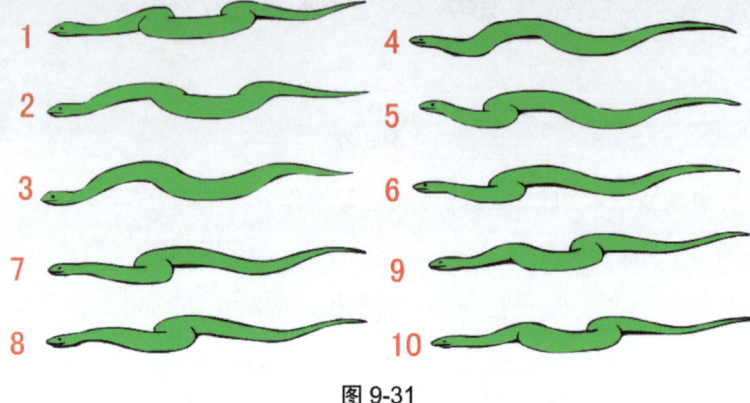

图 9-31

蛇的爬行和游泳呈不规则的曲线运动前进，开始行动时先是头部两侧的肌肉交替伸缩，带动头部左右摇动，这样一缩一送的运动继续向后面的肌肉和尾部传下去，成 S 状的曲线运动。

鳄鱼的爬动

设置动画为每秒 24 帧，用一拍二的方式制作，如图 9-32 所示。

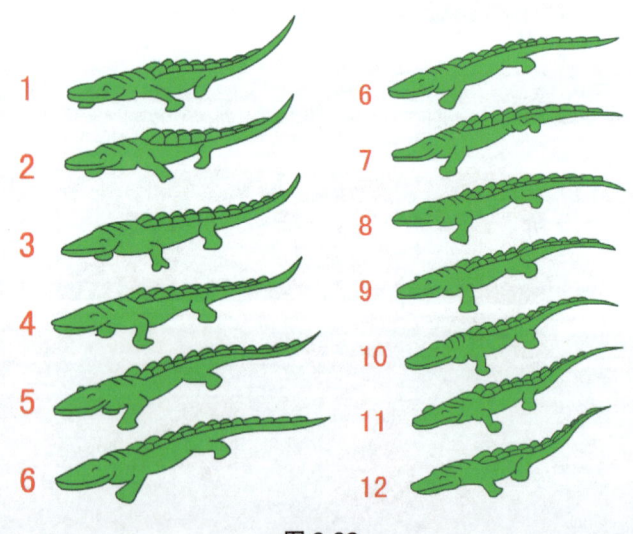

图 9-32

鳄鱼四肢短小，只能支撑着笨重的身体贴地爬行，动作较为迟缓。在爬行时，四肢运动是对角线的交替步法，贴地匍匐前行。在水面漂浮时，几乎看不到它的身体和头部，只能看到它像根枯木般在水面上漂浮，游速很快。

乌龟的爬动

设置动画为每秒 24 帧，用一拍二补间动画的方式制作，如图 9-33 所示。

图 9-33

龟类的身躯是扁椭圆状，背腹部都有骨甲化的硬壳。躯体不能动，颈椎和尾椎能够活动。龟的行动迟缓，在遇到危险时候却反应灵敏，能突然把头、尾、和四肢缩回硬壳内躲藏起来。

★9.4 鱼类的动作

游泳是曲线运动向前的，头部摆动小，引起躯干和尾部的摆动，力传到尾部，摆动的幅度变大，胸鳍配合动作，转身时外侧胸鳍伸前，有力地向后拨水，增加推动力。

鲤鱼的游动

设置动画为每秒 24 帧，用一拍二的方式制作，如图 9-34 所示。

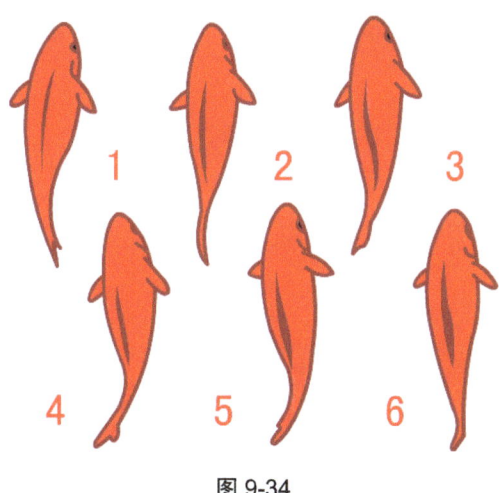

图 9-34

鲨鱼的游动

设置动画为每秒 24 帧，用一拍二的方式制作，如图 9-35 所示。

图 9-35

★9.5 动物的各种动作

公鸡的走动

设置动画为每秒 24 帧，用一拍二的方式制作，如图 9-36 所示。

图 9-36

公鸡的正面走动

设置动画为每秒 24 帧，用一拍二的方式制作，如图 9-37 所示。

图 9-37

鹿的转头

设置动画为每秒 24 帧，用一拍二的方式制作，如图 9-38 所示。

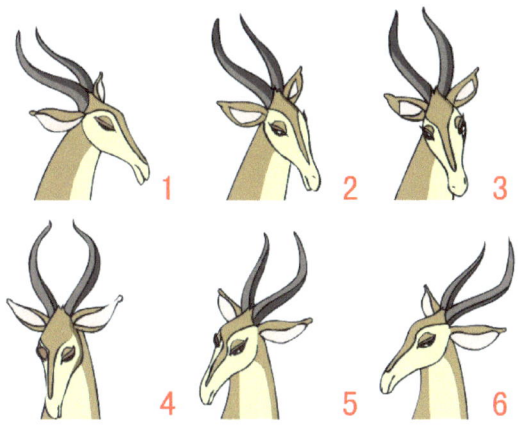

图 9-38

狮子的起身

设置动画为每秒 24 帧，用一拍二的方式制作，如图 9-39 所示。

图 9-39

尾巴的摆动

设置动画为每秒 24 帧,用一拍二的方式制作,如图 9-40 所示。

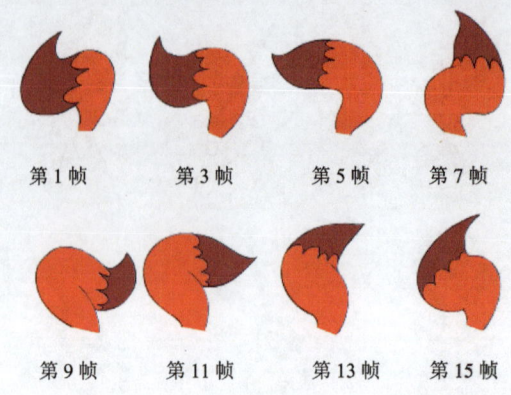

第 1 帧　　第 3 帧　　第 5 帧　　第 7 帧

第 9 帧　　第 11 帧　　第 13 帧　　第 15 帧

图 9-40

第 10 章　自然现象的规律

★10.1　火的运动规律

　　火的动态由于物质的燃烧形成上升气流,火苗因而不断升上去,它上升的速度越高越减慢,其先端部分不断产生支叉分裂,上升呈现较为复杂的动态。火的动态有多种多样的复杂类型,下面就逐步分析各种火的燃烧规律。

实训 12　火的各种燃烧变化

学习目标

- 掌握各种火的运动规律。
- 掌握空间幅度的应用。

项目赏析

火的各种燃烧效果如图 10-1 所示。

图 10-1

操作步骤

火苗

Step 01 新建 Flash 文件（ActionScript 3.0）或按<Ctrl+N>创建新文档。帧频率为 24fps。

Step 02 用一拍三的逐帧的方法制作出火苗，如图 10-2 所示。

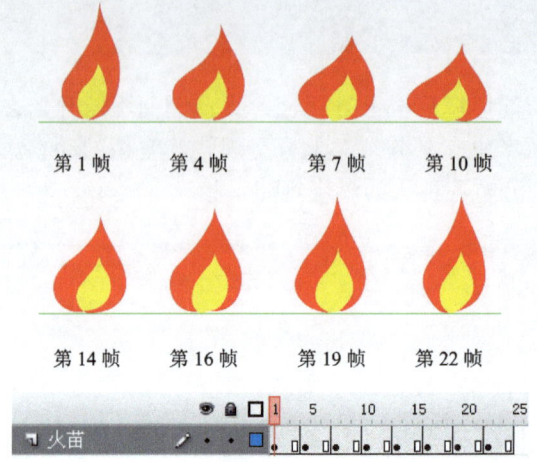

图 10-2

Step 03 火苗绘制完毕后，为增强它的动画效果，可增加一个光晕效果。在"火苗"图层的上层添加一个新图层，用渐变色绘制一个光晕效果，如图 10-3 所示。

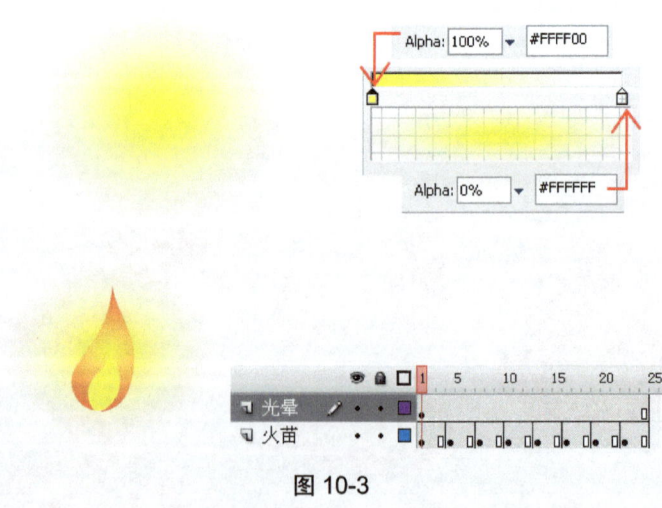

图 10-3

Step 04 可以将它们转换为元件，分别与相应的物品组合，如图 10-4 所示。

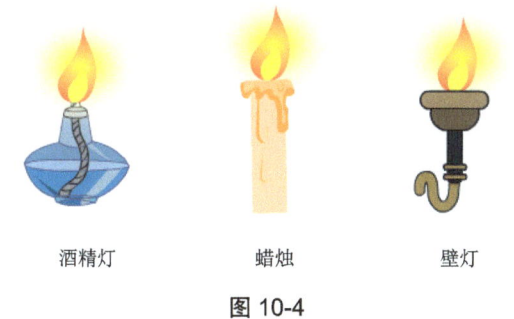

酒精灯　　　　　　蜡烛　　　　　　壁灯

图 10-4

组合火

Step 01 新建 Flash 文件（ActionScript 3.0）或按<Ctrl+N>创建新文档。帧频率为 24fps。

Step 02 用一拍二的方式先绘制出火焰的焰芯，如图 10-5 所示。

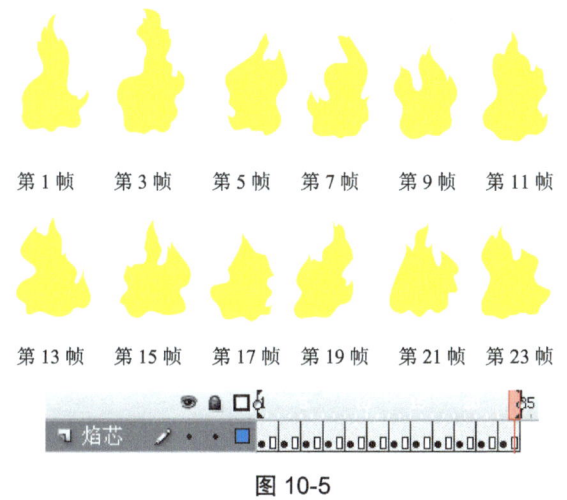

第 1 帧　　第 3 帧　　第 5 帧　　第 7 帧　　第 9 帧　　第 11 帧

第 13 帧　　第 15 帧　　第 17 帧　　第 19 帧　　第 21 帧　　第 23 帧

图 10-5

Step 03 将"内焰"图层上的关键帧剪切到一个新的元件中，元件命名为"焰芯"，如图 10-6 所示。

Step 04 将"焰芯"元件放到舞台上，用快捷键<Ctrl+C>将它再复制出一个，粘贴在舞台上，选中它在属性窗口中将颜色调节为橘黄色，并用任意变形工具对其进行调整后，放置到焰芯下方，(最好新建一个图层) 这个就当作是火焰的内焰，如图 10-7 所示。

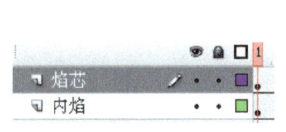

图 10-6　　　　　　　　　　　　图 10-7

Step 05 按快捷键<Ctrl+F8>新建一个元件，命名为"外焰"，开始绘制外焰的关键帧，如图 10-8 所示。

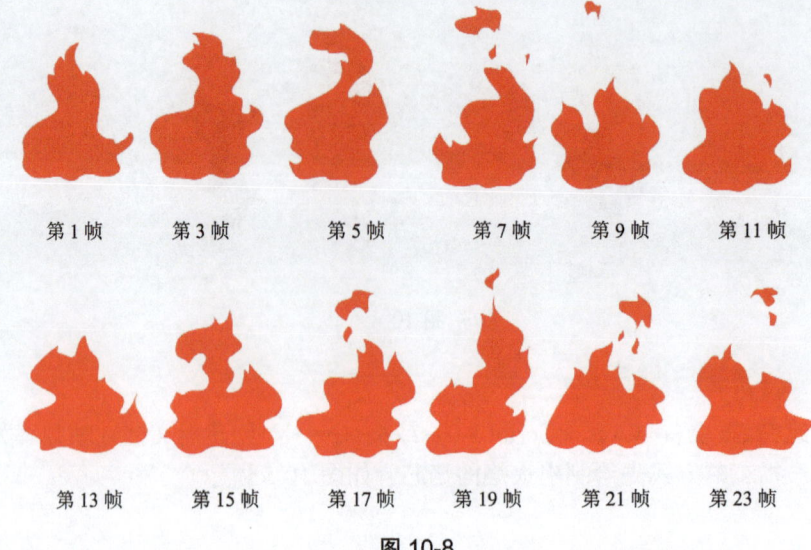

图 10-8

Step 06 将外焰放置内焰下方，形成火焰的形状，如图 10-9 所示。

图 10-9

Step 07 把 3 个火焰部分再转换为元件。形成一个整体后，再复制一些，在属性窗口中更改第 1 帧的起始位置，让其变为各种各样的火焰效果，如图 10-10 所示。

图 10-10

各种火效果一览图

熊熊烈火

设置动画为每秒播放 24 帧,效果如图 10-11 所示。

第 1 帧　　　　第 3 帧

第 5 帧　　　　第 7 帧

图 10-11

大火苗

设置动画为每秒播放 24 帧,效果如图 10-12 所示。

第 1 帧　　第 3 帧　　第 5 帧　　第 7 帧

第 9 帧　　第 11 帧　　第 13 帧　　第 15 帧

图 10-12

中火苗

设置动画为每秒播放 24 帧,效果如图 10-13 所示。

图 10-13

尾部的火焰

设置动画为每秒播放 24 帧,效果如图 10-14 所示。

图 10-14

由近到远的火球

设置动画为每秒播放 24 帧,效果如图 10-15 所示。

图 10-15

★ 10.2 水的运动规律

水的重点在于要准确地表现它的流动性和表面张力，随着环境和情景的不同而发生变化，可以是一滴水滴在地上，也可以是汪洋大海中的波浪。下面逐步分析水的流动状态。

实训 13　水的各种流动变化

学习目标

- 掌握各种水的运动规律。
- 掌握空间幅度的应用。

项目赏析

水的效果如图 10-16 所示。

图 10-16

操作步骤

水滴

Step 01　新建 Flash 文件（ActionScript 3.0）或按<Ctrl+N>创建新文档。帧频率为 24fps。
Step 02　绘制出水滴的形状，如图 10-17 所示。

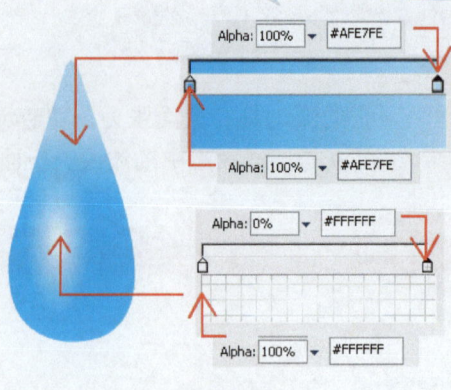

图 10-17

Step 03 将水滴转换为元件，创建 5 个关键帧，将水滴的形状用任意变形工具变形，如图 10-18 所示。27 帧设置为透明。

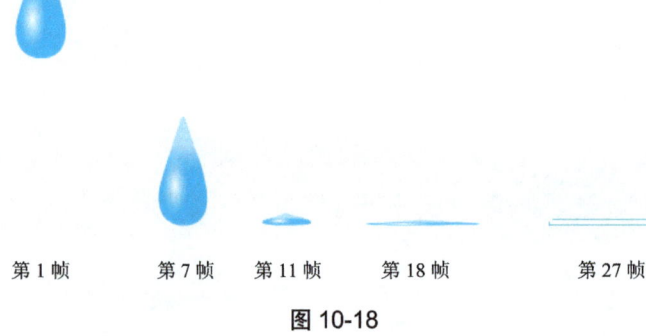

第 1 帧　　　第 7 帧　　　第 11 帧　　　第 18 帧　　　第 27 帧

图 10-18

Step 04 调整完毕后，创建补间动画，如图 10-19 所示。

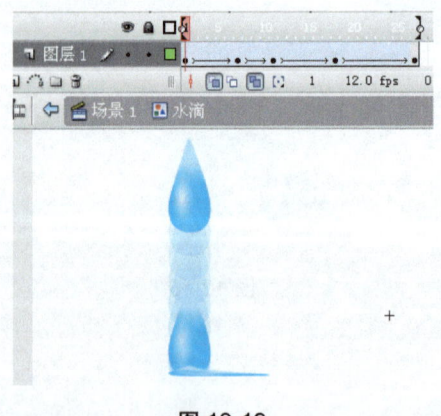

图 10-19

水柱

Step 01 新建 Flash 文件（ActionScript 3.0）或按<Ctrl+N>创建新文档。帧频率为 24fps。

Step 02 绘制出水柱的形状，并将其增加水波纹的流动效果，如图 10-20 所示。

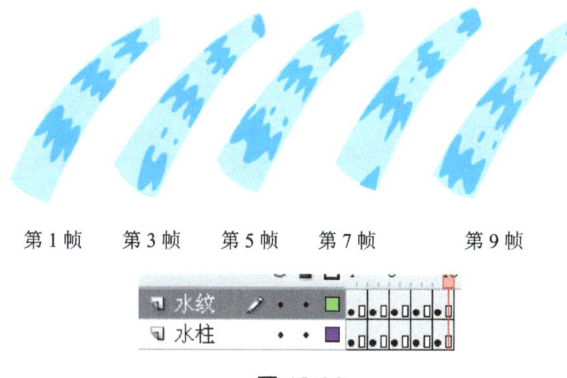

图 10-20

Step 03 水柱绘制完毕后转换为元件,命名为"水柱"。

Step 04 继续绘制水花。绘制完毕后转换为元件,命名为"水花",如图 10-21 所示。

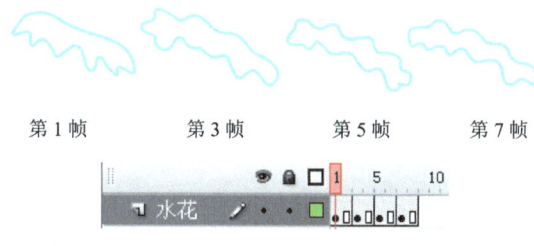

图 10-21

Step 05 将水柱与水花组合在一起,如图 10-22 所示。

图 10-22

Step 06 在"水柱子"图层上方添加一个"遮罩层"图层,在"水花"图层上方添加一个"引导层"图层,如图 10-23 所示。

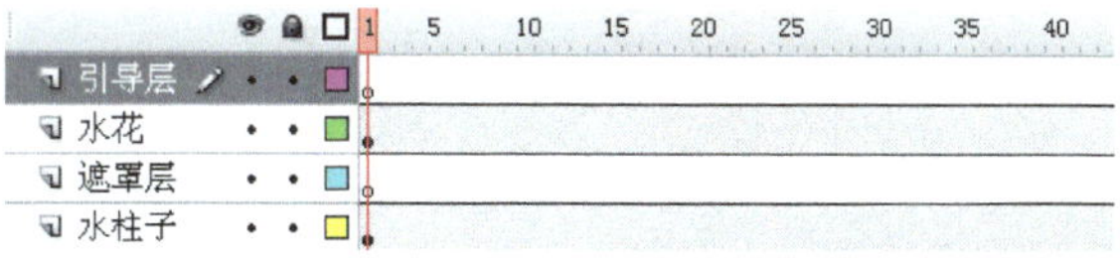

图 10-23

Step 07 在"引导层"图层上绘制一条和水柱方向一致的引导线,如 10-24 所示。

图 10-24

Step 08 在"遮罩层"图层绘制一个圆形,作为遮罩。

Step 09 编辑时间轴的动作。在"水花"图层第 1 帧处,将水花移动到水柱底部,如图 10-25 所示。在第 40 帧处插入关键帧,将水花移动到水柱顶部,如图 10-26 所示,并调节到合适的大小,创建补间动画。

水柱底部　　　　　　　　　　水柱顶部

图 10-25　　　　　　　　　　图 10-26

Step 10 在"引导层"图层的第 40 帧处插入关键帧,复制很多圆将水柱遮住,并创建补间形状,如图 10-27 所示。

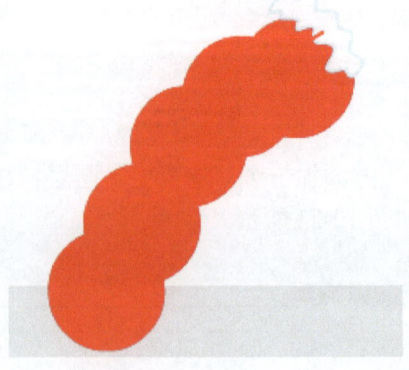

图 10-27

Step 11 右击选中"引导层"和"遮罩层",并转换为相应的功能图层,如图 10-28 所示。

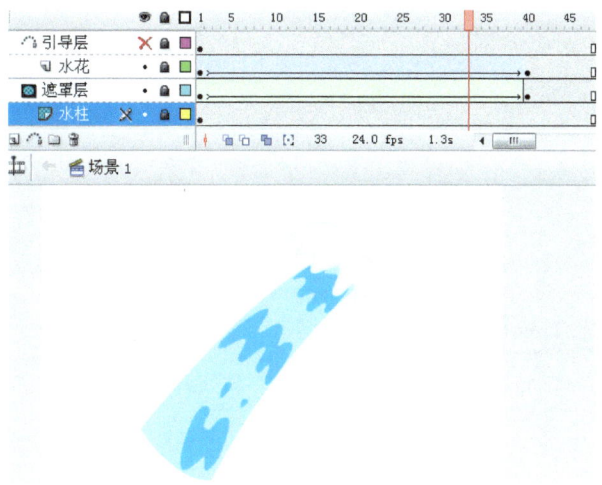

图 10-28

各种水的效果图

流动的瀑布

设置动画为每秒播放 24 帧,效果如图 10-29 所示。

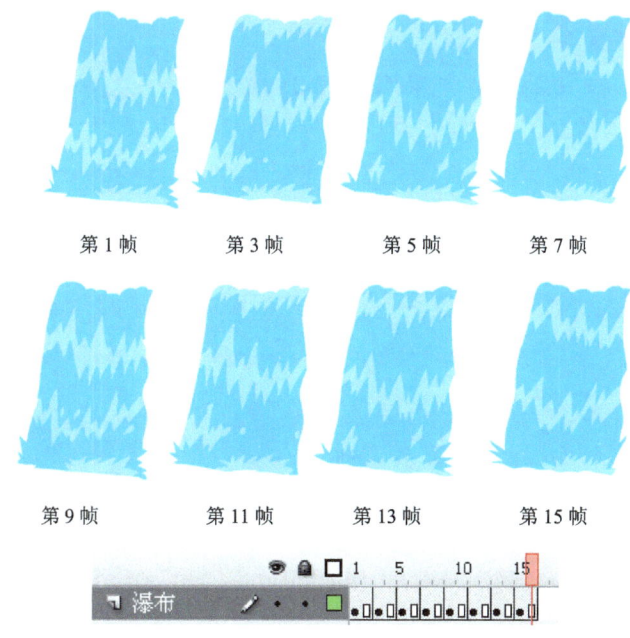

图 10-29

水的波纹

设置动画为每秒播放 24 帧,效果如图 10-30 所示。

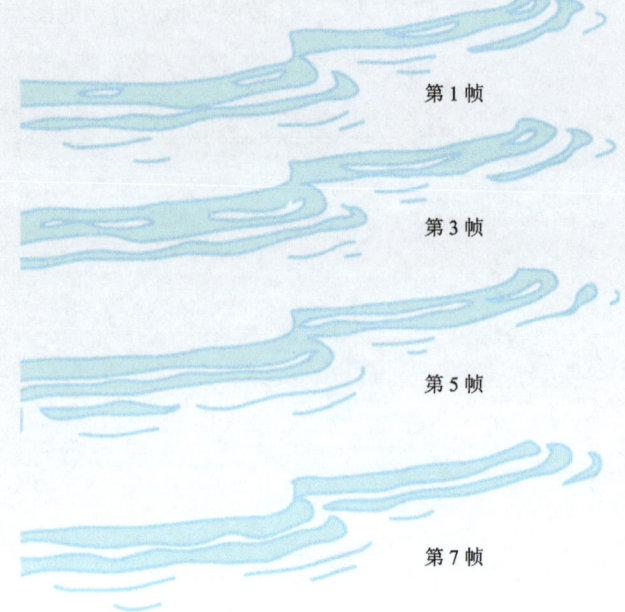

第 1 帧

第 3 帧

第 5 帧

第 7 帧

颜色数值 填充色【#CBFFFF】 线条【#ACEEFF】

图 10-30

水的波纹（中心扩散）

设置动画为每秒播放 24 帧，效果如图 10-31 所示。

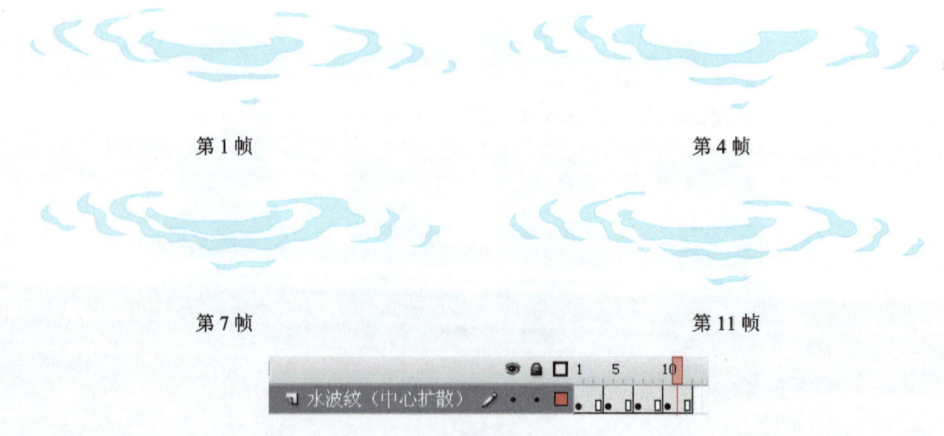

第 1 帧　　　　　　　　　　　　第 4 帧

第 7 帧　　　　　　　　　　　　第 11 帧

图 10-31

水的波纹（船只的痕迹）

设置动画为每秒播放 24 帧，效果如图 10-32 所示。

第10章 自然现象的规律

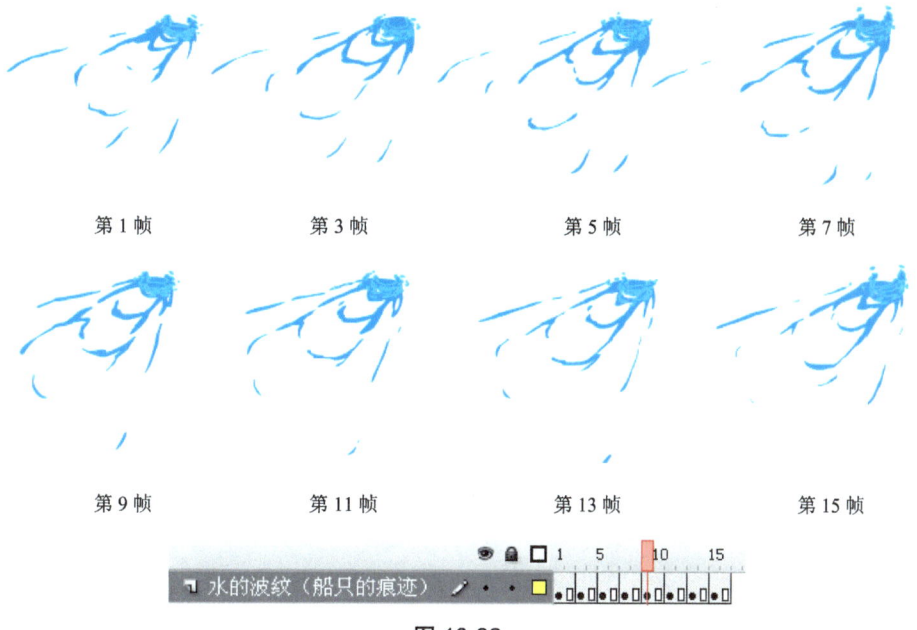

图 10-32

浪花

设置动画为每秒播放 24 帧，效果如图 10-33 所示。

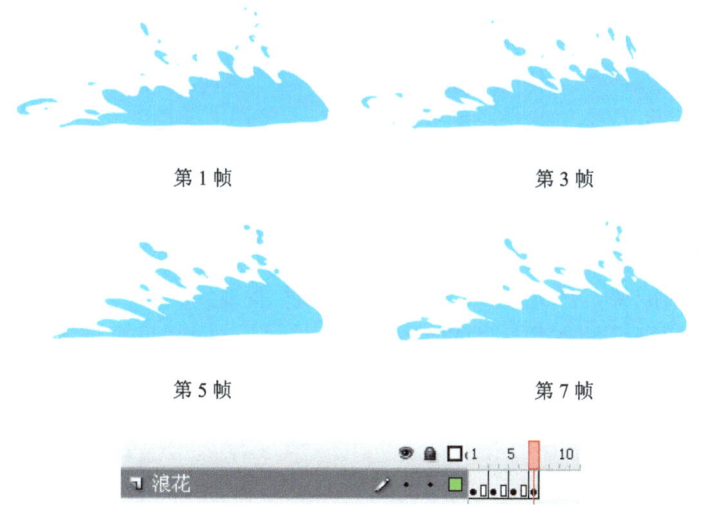

图 10-33

冲屏水花

设置动画为每秒播放 24 帧，效果如图 10-34 所示。

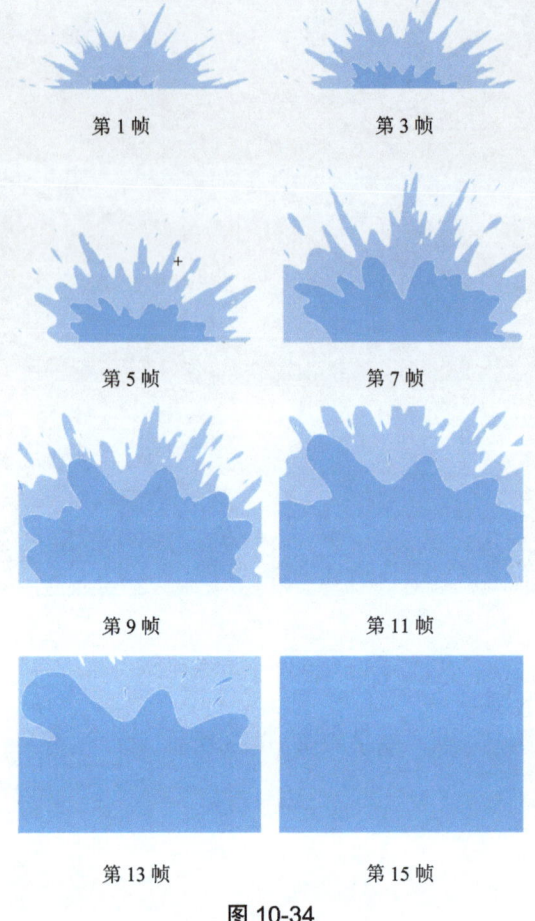

第 1 帧　　　　第 3 帧

第 5 帧　　　　第 7 帧

第 9 帧　　　　第 11 帧

第 13 帧　　　　第 15 帧

图 10-34

★ 10.3　风的运动规律

空气的流动形成风,风是无形的,是眼睛所不能看到的,所以表现风的时候,就需要借助其他物体来体现风的作用,如飘动的旗子、头发,同时也可以应用卡通效果来达到风的效果。

实训 14　风的各种规律变化

学习目标

➥ 掌握各种风的运动规律。
➥ 掌握空间幅度的应用。

第 10 章 自然现象的规律

项目赏析

风的效果如图 10-35 所示。

图 10-35

操作步骤

小风

Step 01 新建 Flash 文件（ActionScript 3.0）或按<Ctrl+N>创建新文档。帧频率为 24fps。

Step 02 绘制一个带些许叶子的小风，如图 10-36 所示。

图 10-36

Step 03 将其转换为元件后，可以创建一个从左到右的飞动，让小风一吹而过，如图 10-37 所示。

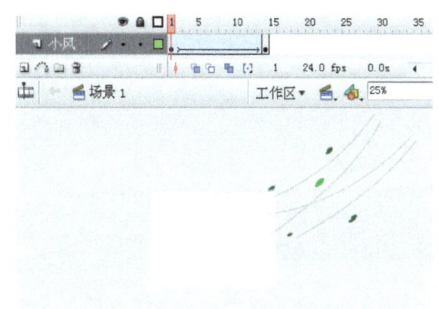 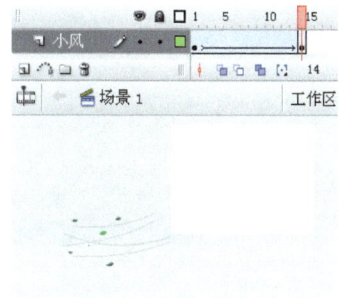

图 10-37

133

小卷风

Step 01 新建 Flash 文件（ActionScript 3.0）或按<Ctrl+N>创建新文档。帧频率为 24fps。

Step 02 用逐帧的方法绘制小卷风的运动轨迹，如图 10-38 所示。

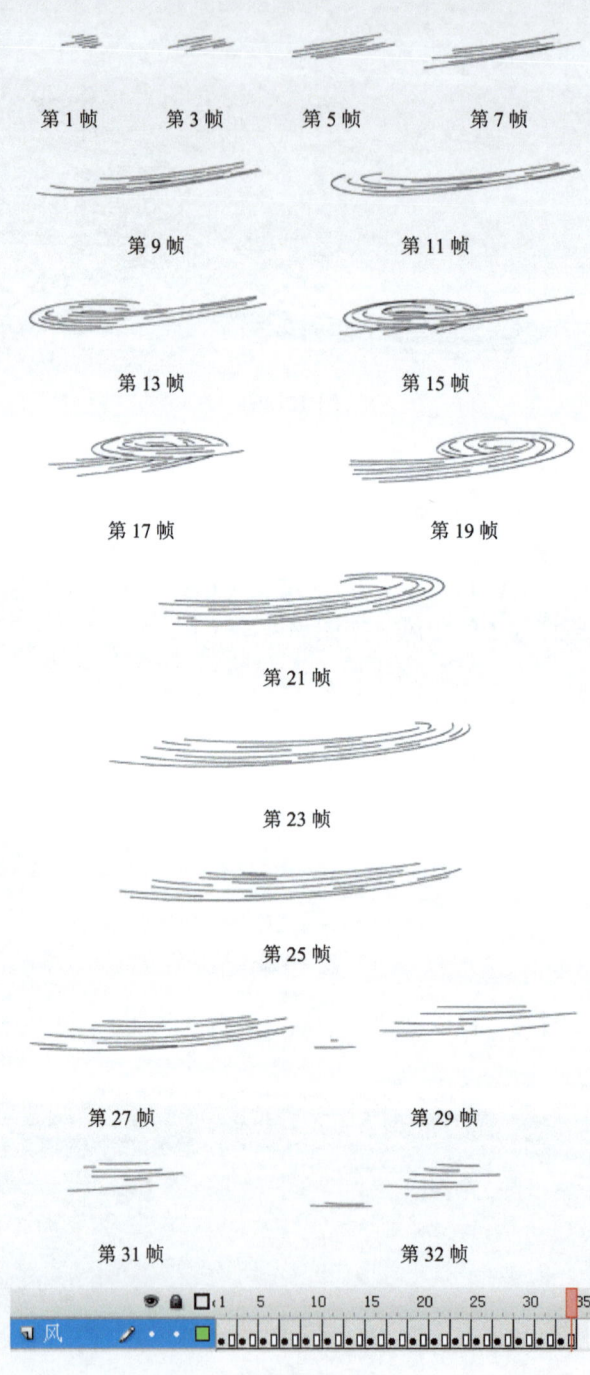

图 10-38

风的各种规律

被风卷起的叶子

设置动画为每秒播放 24 帧,效果如图 10-39 所示。

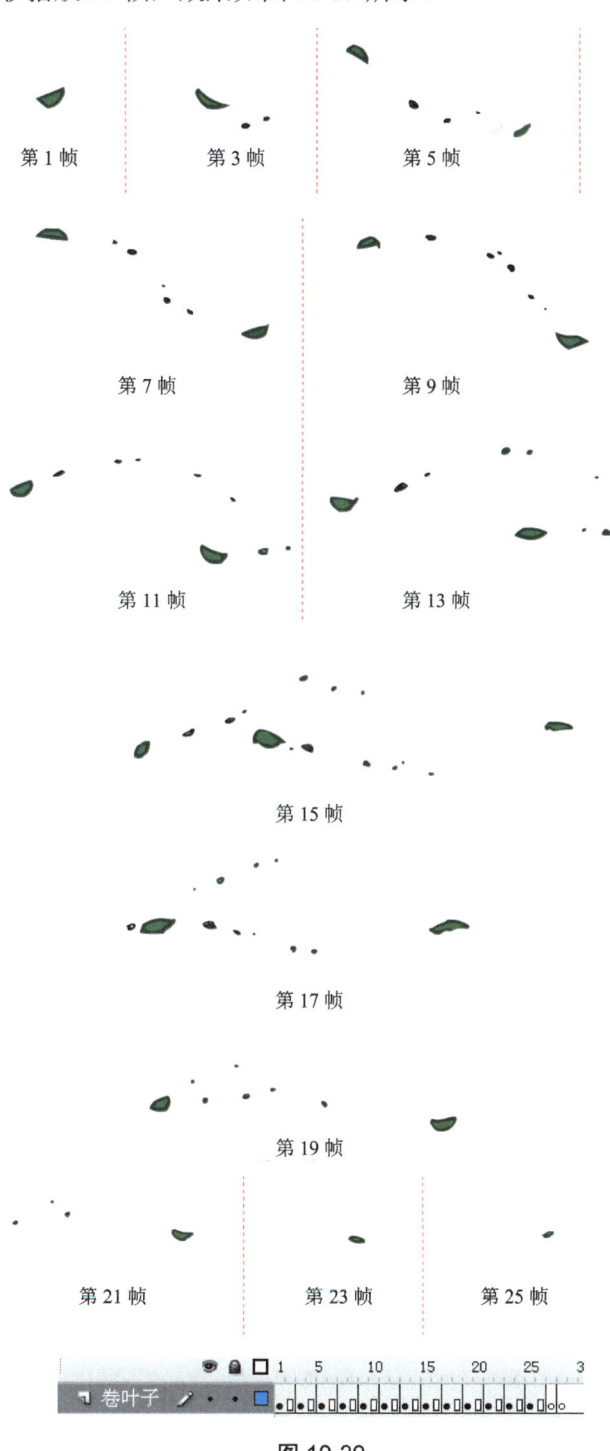

图 10-39

龙卷风

设置动画为每秒播放 24 帧。

Step 01 绘制龙卷风的两个关键帧，效果如图 10-40 所示。

第 1 帧

第 3 帧

图 10-40

Step 02 将龙卷风选中，并将它们转换为新元件，命名为"龙卷风"。

Step 03 在时间轴的第 31 帧处插入关键帧，再在 16 帧处插入关键帧，将"龙卷风"元件放大。创建补间动画,如图 10-41 所示。

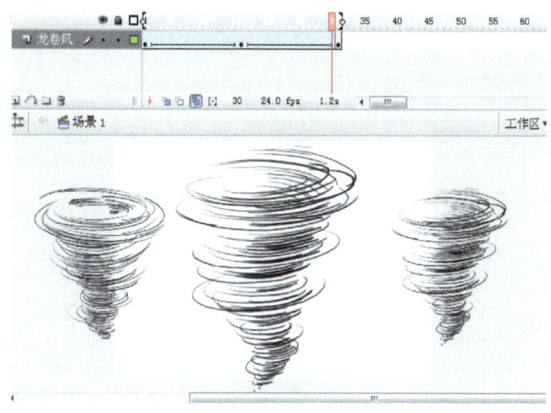

源文件洋葱皮效果

图 10-41

★10.4 雨的运动规律

雨落下的速度很快,人们所看到的并不是雨滴,而是视觉产生的一条条直线,可以用线条组成快速下降的雨滴。

实训 15 雨的各种规律变化

学习目标

↘ 掌握各种雨的运动规律。

↘ 掌握空间幅度的应用。

项目赏析

雨的效果如图 10-42 所示。

图 10-42

操作步骤

下雨（侧视图）

Step 01 新建 Flash 文件（ActionScript 3.0）或按<Ctrl+N>创建新文档。帧频率为 24fps。

Step 02 绘制正面落下的雨。用一拍二的方式绘制雨滴，如图 10-43 所示。

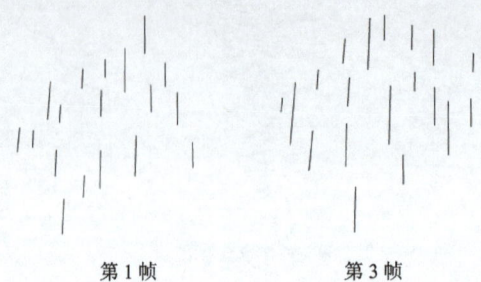

第 1 帧　　　　第 3 帧

图 10-43

Step 03 将雨转换为元件，命名为"雨"。我们可以再复制一些元件，调整大小后，重叠在一起，这样让雨看起来更加有层次，如图 10-44 所示。

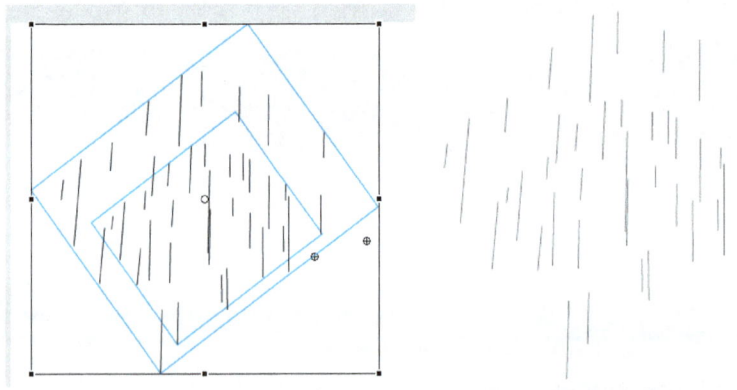

图 10-44

Step 04 可以将雨滴元件的透明度降低到 50%左右，那样更加真实。

Step 05 还可以将雨进行旋转，让其形成各种角度下降的雨水，如图 10-45 所示。

图 10-45

下雨（俯视图）

Step 01 新建 Flash 文件（ActionScript 3.0）或按<Ctrl+N>创建新文档。帧频率为 24fps。
Step 02 用一拍一、一拍二的结合方式绘制雨水。
Step 03 按快捷键<Ctrl+F8>新建一个元件，用一拍一的方式绘制雨水，命名为"雨水 1"，如图 10-46 所示。

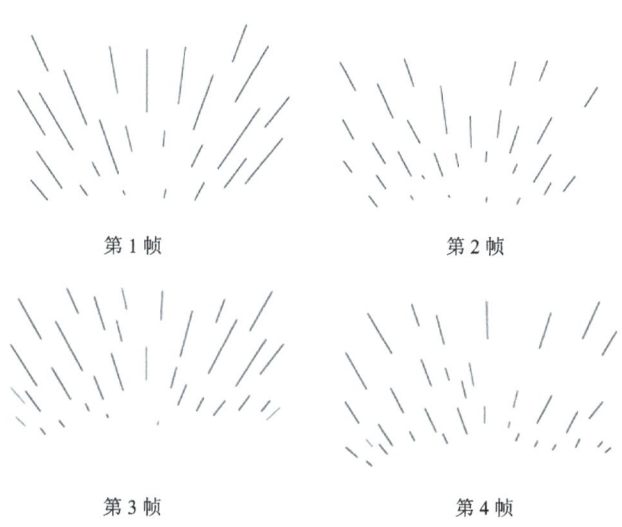

图 10-46

Step 04 按快捷键<Ctrl+F8>再创建一个元件，用一拍二的方式绘制雨水，命名为"雨水 2"，如图 10-47 所示。

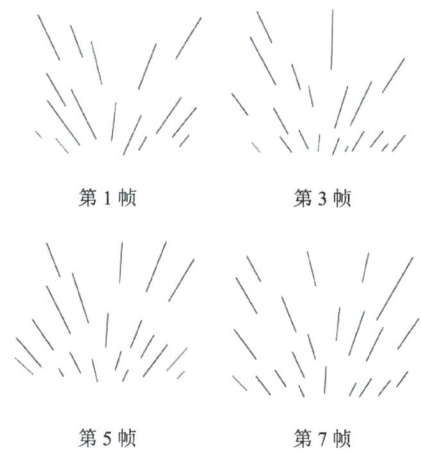

图 10-47

Step 05 返回到舞台，将它们组合在一起，降低透明度后形成最终的雨水效果，如图 10-48 所示。
Step 06 增强雨水的层次感，可以复制一个"雨水 1"元件，将其放大一些，与雨水元件组合到一起。

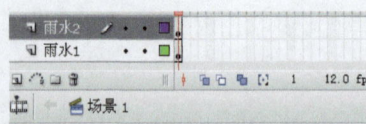
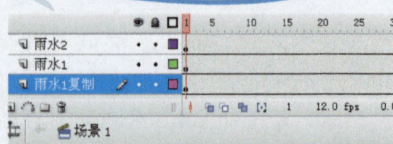

图 10-48

★ 10.5 闪电的运动规律

闪电光耀眼而短促。从无到有，再到消失大多不到 1s。随着闪电的光亮，强烈的频闪，增强闪电的效果。

实训 16　闪电各种规律变化

学习目标

➢ 掌握各种闪电的运动规律。

➢ 掌握空间幅度的应用。

项目赏析

闪电的效果如图 10-49 所示。

图 10-49

操作步骤

树杈型闪电

Step 01 新建 Flash 文件（ActionScript 3.0）或按<Ctrl+N>创建新文档。帧频率为 24fps。

Step 02 用一拍二的方法制作闪电的动态效果，如图 10-50 所示。

第 1 帧　第 3 帧　第 5 帧　第 7 帧　第 9 帧　第 11 帧

图 10-50

树杈型的闪电效果制作比较简单，只要符合以上的规律，逐步显示出来，然后逐渐消失即可随意制作。

图案型闪电

Step 01 新建 Flash 文件（ActionScript 3.0）或按<Ctrl+N>创建新文档。帧频率为 24fps。

Step 02 按快捷键<Ctrl+F8>新建一个元件，命名为"闪电"。绘制 6 个关键帧，如图 10-51 所示。

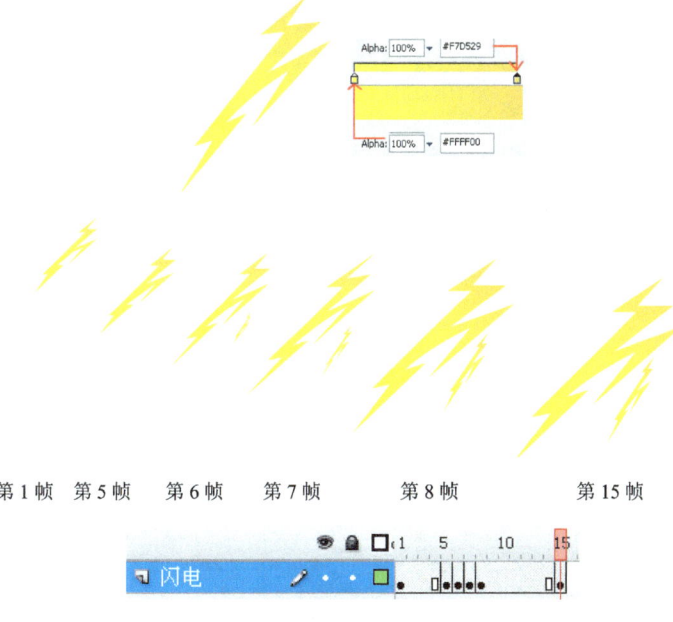

第 1 帧　第 5 帧　第 6 帧　第 7 帧　第 8 帧　第 15 帧

图 10-51

Step 03 返回场景 1，将闪电元件拖到舞台上。在舞台时间轴上的第 1 帧、第 4 帧、第 10 帧、第 15 帧分别插入关键帧，并调整位置，如图 10-52 所示。

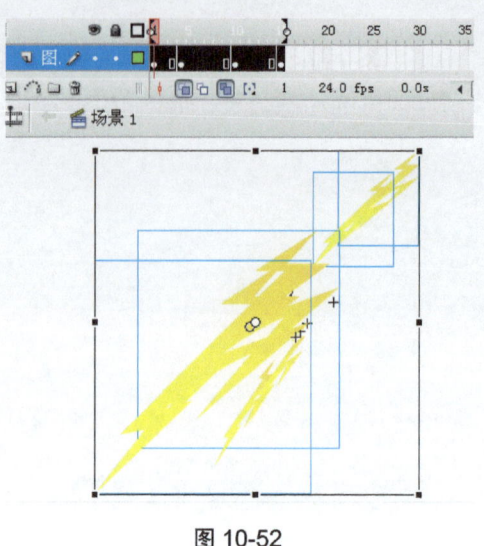

图 10-52

Step 04 将第 1 帧和第 15 帧上的元件透明值设置为 0 后，创建补间动画。

混合型闪电

Step 01 新建 Flash 文件（ActionScript 3.0）或按<Ctrl+N>创建新文档。帧频率为 24fps。

Step 02 用一拍四的方式绘制 3 个关键帧，如图 10-53 所示。

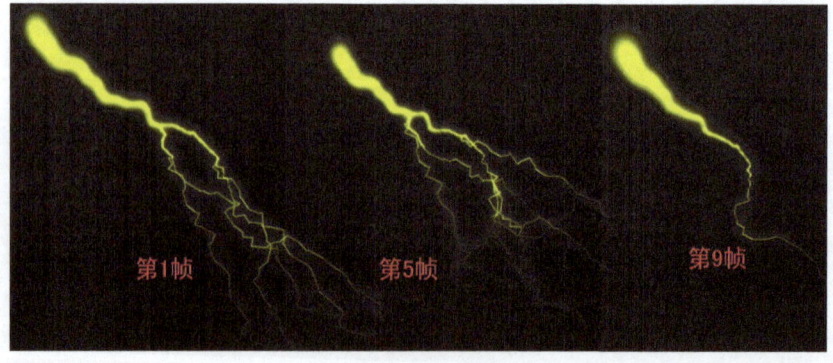

图 10-53

Step 03 新建两个图层，把第 5 帧和第 9 帧分别拖动到新的图层中，并在"第 1 帧"图层的第 12 帧，"第 5 帧"图层的第 16 帧，"第 9 帧"图层的第 20 帧分别插入关键帧，如图 10-54 所示。

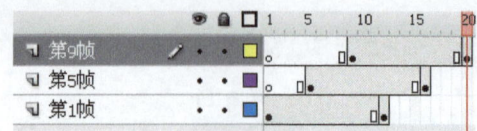

图 10-54

Step 04 调整第 12、16、20 帧上图形的位置,可以随意移动位置但不要幅度过大。移动完毕后,透明值设置为 0。创建补间动画,如图 10-55 所示。

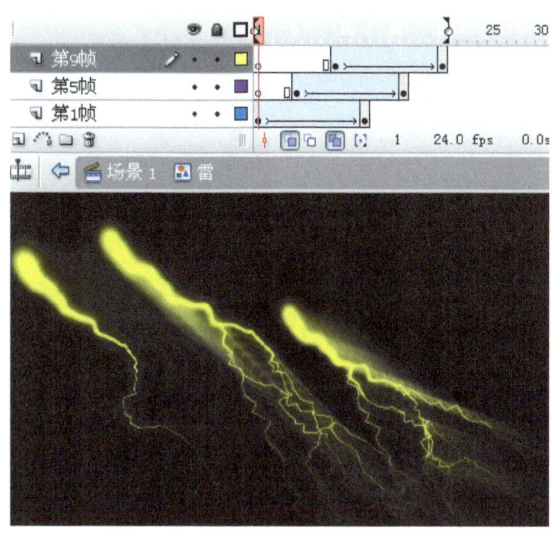

图 10-55

★10.6 烟雾的运动规律

烟雾的种类有很多种,表现方式也各式各样的,如从烟草中冒出来的小烟,到爆炸冒出来的浓烟滚滚。下面就来学习制作烟雾的运动规律。

实训 17　烟雾的各种规律变化

学习目标

➔ 掌握各种烟雾的运动规律。

➔ 掌握空间幅度的应用。

项目赏析

烟雾效果如图 10-56 所示。

图 10-56

操作步骤

烟草的小烟

Step 01 新建 Flash 文件（ActionScript 3.0）或按<Ctrl+N>创建新文档。帧频率为 24fps。

Step 02 用一拍二的方法制作烟的动态效果，如图 10-57 所示。

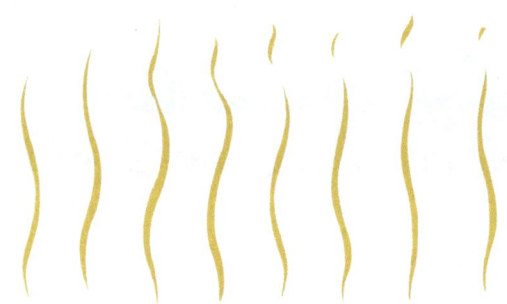

第1帧 第3帧 第5帧 第7帧 第9帧 第11帧 第13帧 第15帧

图 10-57

烟囱冒出烟

Step 01 新建 Flash 文件（ActionScript 3.0）或按<Ctrl+N>创建新文档。帧频率为 24fps。

Step 02 用一拍二的方法制作烟的动态效果，如图 10-58 所示。

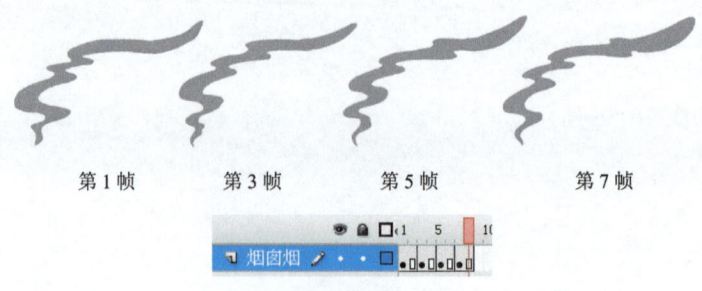

图 10-58

瞬间逃跑的烟

Step 01 新建 Flash 文件（ActionScript 3.0）或按<Ctrl+N>创建新文档。帧频率为 24fps。

Step 02 按快捷键<Ctrl+F8>新建一个元件，命名为"烟尾"，绘制 4 个关键帧，完成动画效果，如图 10-59 所示。在第 8 帧后插入一些空白关键帧。

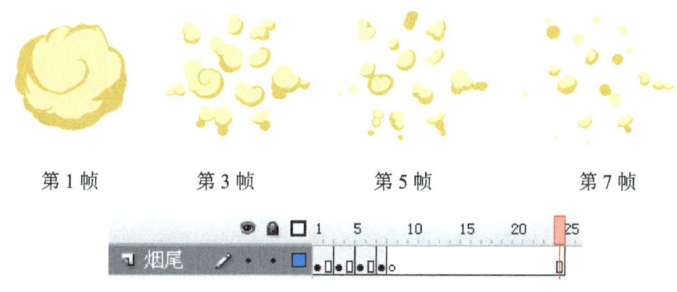

图 10-59

Step 03 <Crtl+F8>添加新的元件，命名为"烟身"，绘制 5 个关键帧，完成动画效果，如图 10-60 所示。

图 10-60

Step 04 绘制完毕后，返回场景 1，把两个元件拖动到舞台上，将"烟身"元件再复制出一个，在属性窗口将第 1 帧的起始位置改为 3。组合两个元件，如图 10-61 所示。

图 10-61

Step 05 在它们的图层 1 上新建一个图层，绘制两道速度线。用 3 个关键帧完成这个动作。如图 10-62 所示。

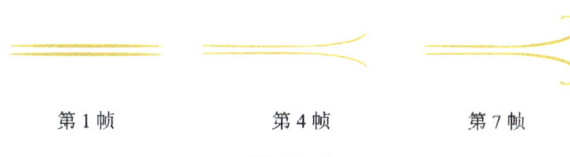

图 10-62

Step 06 将速度线与烟雾位置对齐，形成最后完整的效果，如图 10-63 所示。

图 10-63

爆炸的烟（小）

Step 01 新建 Flash 文件（ActionScript 3.0）或按<Ctrl+N>创建新文档。帧频率为 24fps。

Step 02 用逐帧的方式制作烟雾的效果，注意帧与帧时间的间隔，如图 10-64 所示。

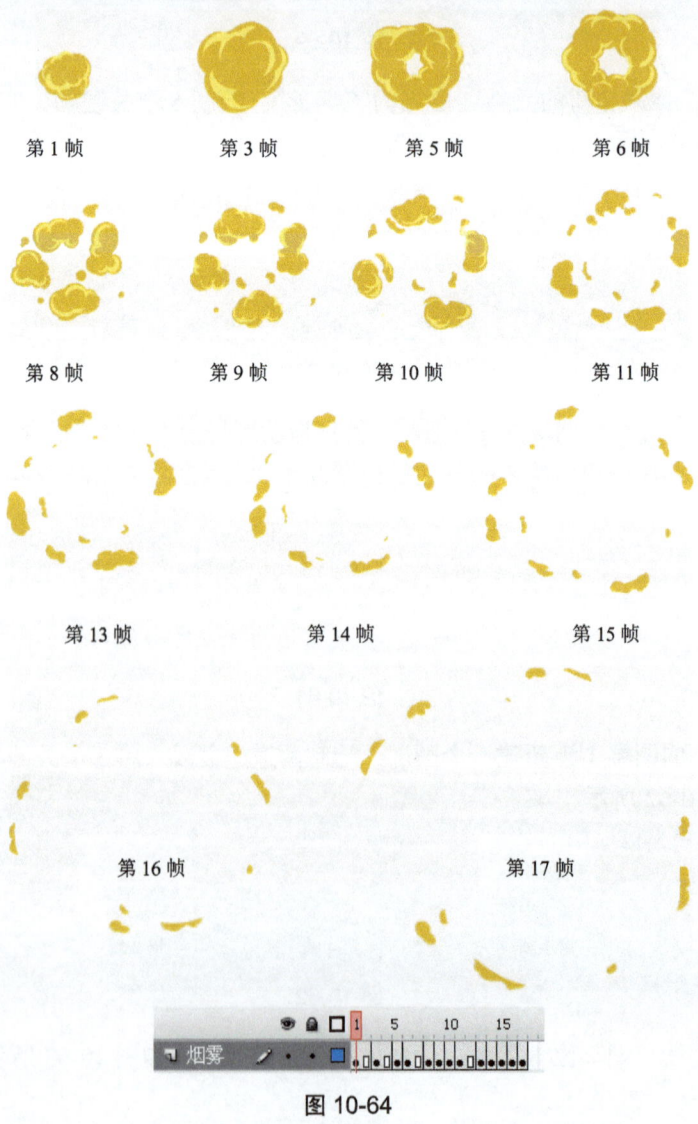

图 10-64

奔跑中的烟

Step 01 新建 Flash 文件（ActionScript 3.0）或按<Ctrl+N>创建新文档。帧频率为 24fps。
Step 02 用一拍一的方式制作烟雾的效果，如图 10-65 所示。

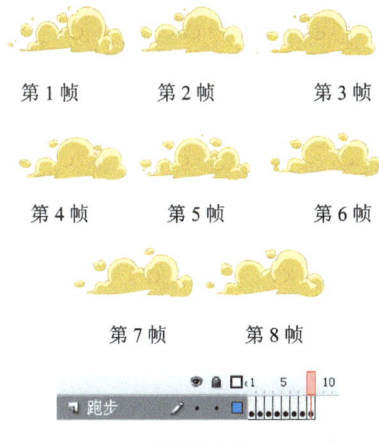

图 10-65

浓烟滚滚

Step 01 新建 Flash 文件（ActionScript 3.0）或按<Ctrl+N>创建新文档。帧频率为 24fps。
Step 02 用逐帧的方式制作烟雾的效果，如图 10-66 所示。

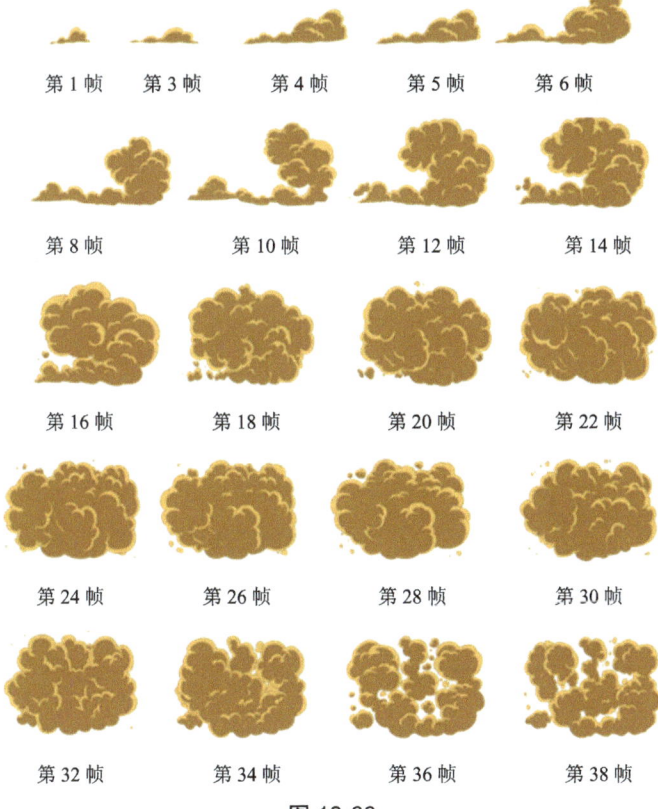

图 10-66

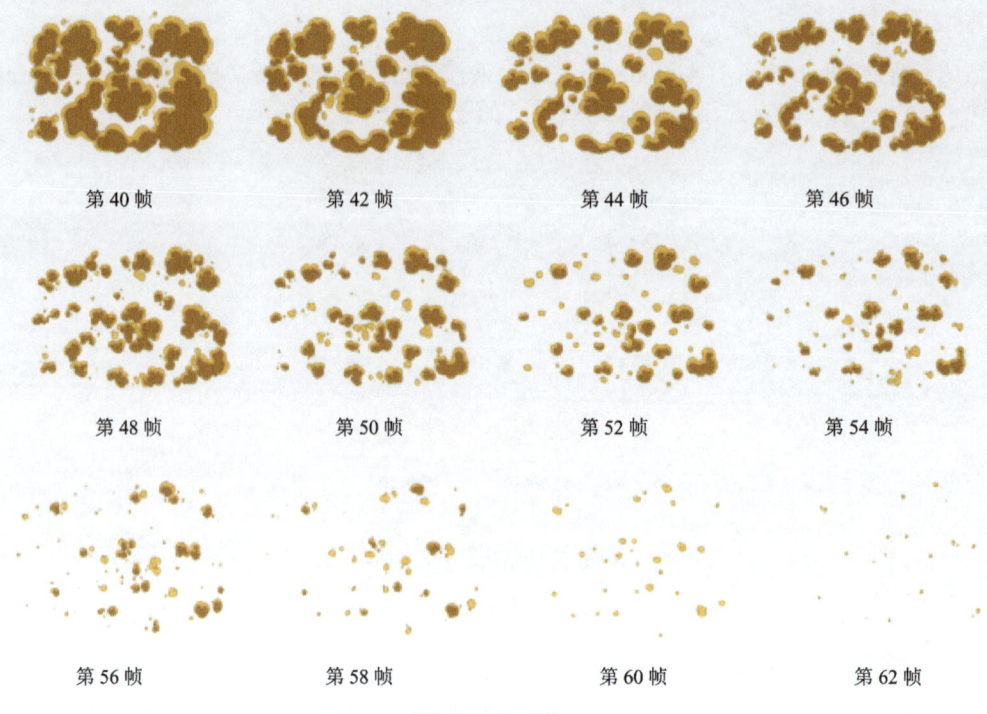

第 40 帧	第 42 帧	第 44 帧	第 46 帧
第 48 帧	第 50 帧	第 52 帧	第 54 帧
第 56 帧	第 58 帧	第 60 帧	第 62 帧

图 10-66（续）

10.7 爆炸的运动规律

爆炸的速度非常快，力量非常大，一般会从 3 个方面表现出来：第一，爆炸时的强光；第二，产生碎片和碎石；第三，爆炸后有浓烟，强光和碎片速度较快。浓烟较多，移动比较慢。

实训 18　爆炸的各种规律变化

学习目标

- 掌握爆炸的运动规律。
- 掌握空间幅度的应用。

项目赏析

爆炸的效果如图 10-67 所示。

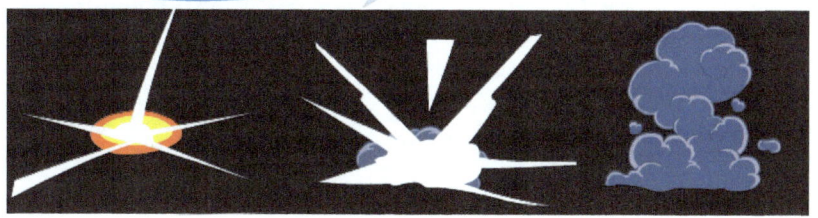

图 10-67

> **操作步骤**

Step 01 新建 Flash 文件（ActionScript 3.0）或按<Ctrl+N>创建新文档。帧频率为 24fps。

Step 02 用一拍二的方法制作烟的动态效果。如图 10-68 所示。

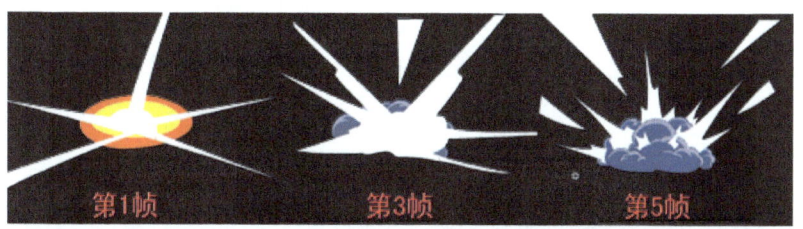

图 10-68

第 11 章　各种特效的技法

11.1　旗帜的运动规律

在日常生活中，经常可以看到迎风微微飘动的旗子。从交通管理员手中的小旗子，到广场上迎风飘动的五星红旗，它们到底是怎样飘动起来的呢？这一章我们就来学习旗子的飘动。

实训 19　各种旗帜的飘动

学习目标

- 掌握旗帜的运动规律。
- 掌握空间幅度的应用。

项目赏析

效果图如图 11-1 所示。

图 11-1

操作步骤

遮罩效果的旗子

Step 01 新建 Flash 文件（ActionScript 3.0）或按<Ctrl+N>创建新文档。帧频率为24fps。

Step 02 用矩形工具先绘制一个标准的矩形，然后用选择工具对它进行调整，如图 11-2 所示。

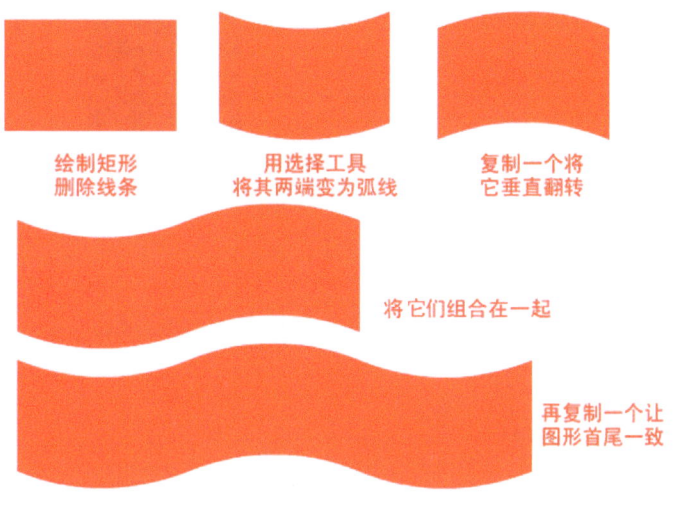

图 11-2

Step 03 添加一个新图层，再绘制一个矩形，让其遮住红色图形的三分之一，如图 11-3 所示。

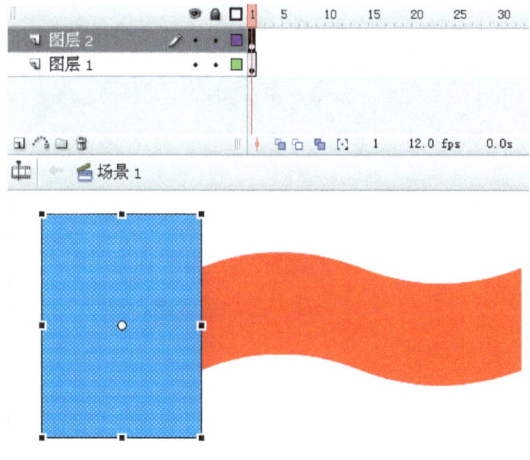

图 11-3

Step 04 将图层 1 在时间轴的第 25 帧处插入关键帧，在图层 2 插入帧，并将红色图形水平向前移动至尾部与蓝色矩形对齐，如图 11-4 所示。

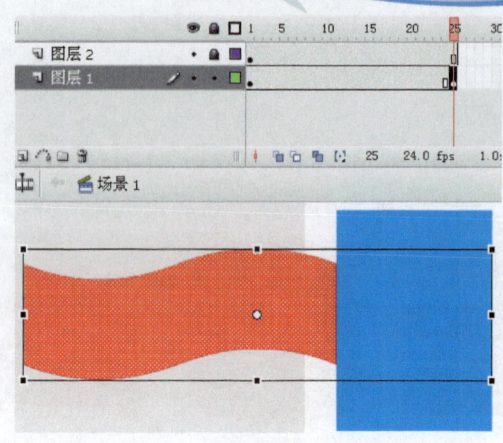

图 11-4

Step 05 将图层 1 创建补间形状,图层 2 设置为遮罩层,测试动画,如图 11-5 所示。

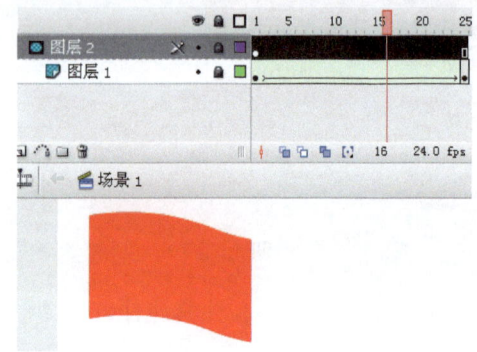

图 11-5

Step 06 在测试动画中会发现旗子在飘动的过程中会卡一下。这是因为旗子的首尾帧相同所致,所以要将补间形状中的第 24 帧插入一个关键帧,删除第 25 帧,让动画只播放 24 帧。这样飘动效果就完成了,如图 11-6 所示。

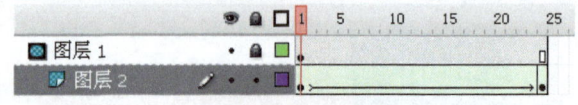

图 11-6 时间轴截图

彩旗的飘动

Step 01 新建 Flash 文件(ActionScript 3.0)或按<Ctrl+N>创建新文档。帧频率为 24fps。
Step 02 用逐帧的方式绘制旗子,如图 11-7 所示。

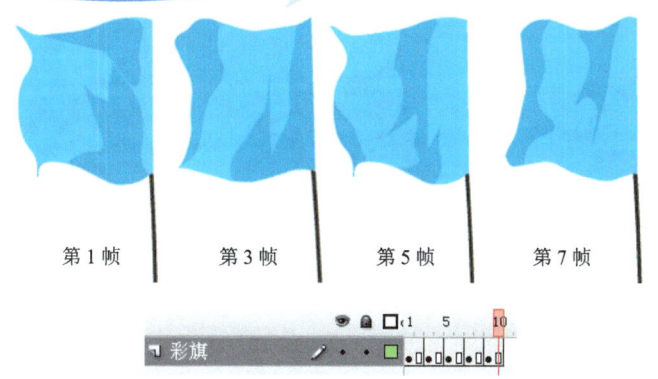

图 11-7

Step 03 旗子绘制完毕后，可以更改它们的颜色，如图 11-8 所示。

图 11-8

国旗飘动

Step 01 新建 Flash 文件（ActionScript 3.0）或按<Ctrl+N>创建新文档。帧频率为 24fps。

Step 02 用逐帧的方式绘制飘动的国旗。

Step 03 在舞台上添加一个图层，将两个图层分别命名为"旗杆"、"旗面"。先在旗杆层上绘制旗杆。

Step 04 旗杆绘制完毕后，以它为基准，绘制旗面，我们需要 9 个关键帧，以一拍二的方式绘制。

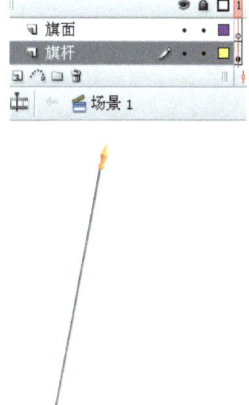

图 11-9

Flash动画运动规律与原画绘制

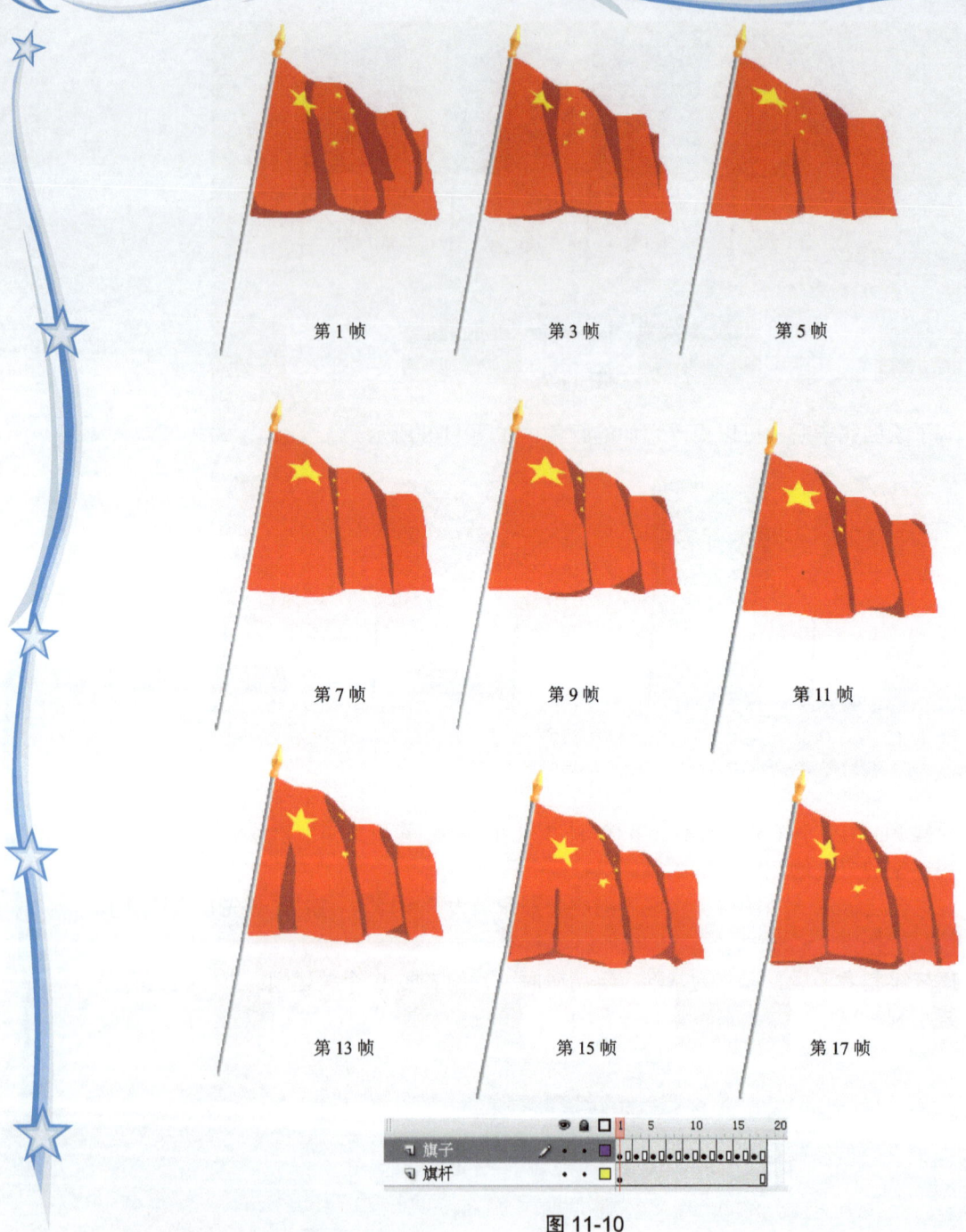

第 1 帧　　　　　第 3 帧　　　　　第 5 帧

第 7 帧　　　　　第 9 帧　　　　　第 11 帧

第 13 帧　　　　　第 15 帧　　　　　第 17 帧

图 11-10

党旗飘动

Step 01 新建 Flash 文件（ActionScript 3.0）或按<Ctrl+N>创建新文档。帧频率为24fps。

Step 02 用逐帧的方式绘制飘动的党旗，如图 11-11 所示。

第11章 各种特效的技法

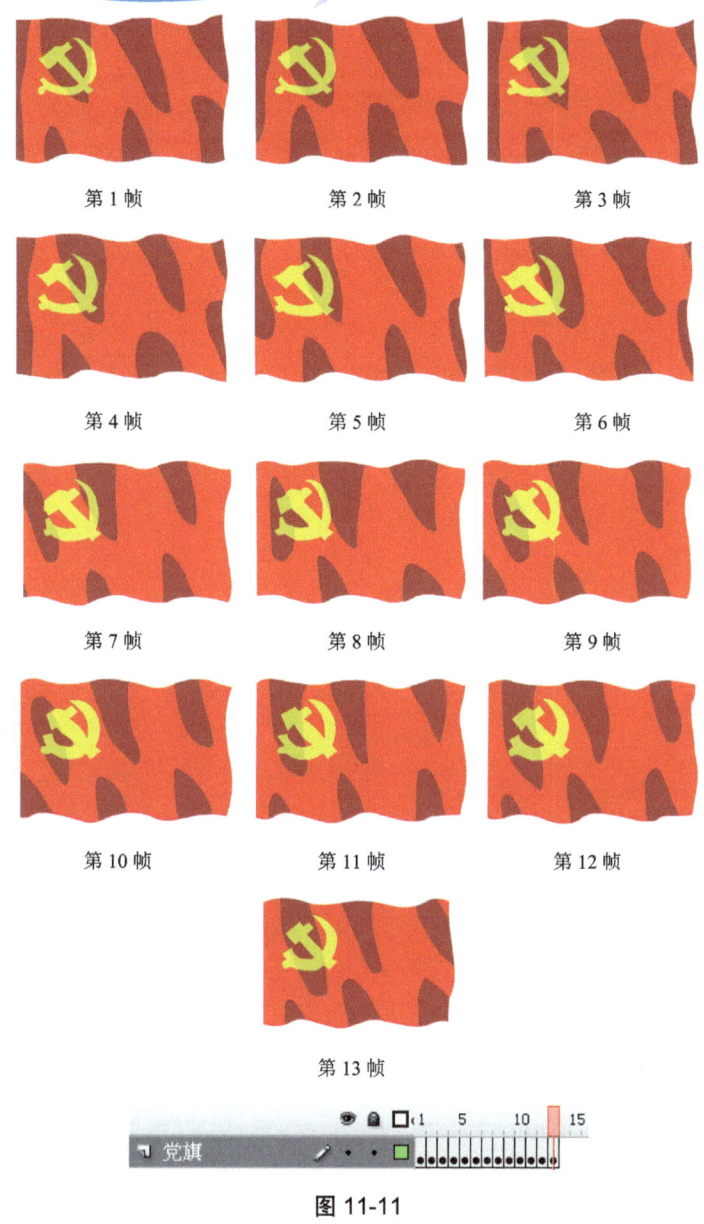

图 11-11

★ 全景的特效

★ 11.2 速度线的制作

速度线在动画中的应用比较广泛，它能让已经处于运动状态的人、动物、交通工具等，增加更加强烈的速度感，同时也可以运用于特写镜头的处理上。

1) 设置动画属性为每秒 24 帧，用一拍二的方式制作速度线。
2) 用直线工具围绕着屏幕中心绘制多条直线。绘制出速度线，如图 11-12 所示。

第 1 帧

图 11-12

3) 用任意变形工具将第 1 帧上的直线向一侧调至倾斜，幅度不要过大，如图 11-13 所示。

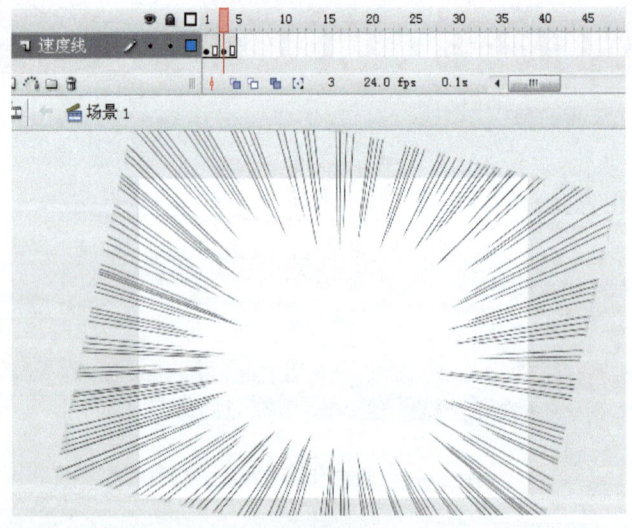

第 3 帧

图 11-13

这样就完成了速度线的效果，即简单又实用。

★11.3 打斗特效

打斗的特效也是动画中十分常见的。"刀光剑影"的效果十分酷。
设置动画每秒播放 24 帧，用一拍二的方式制作，如图 11-14 所示。

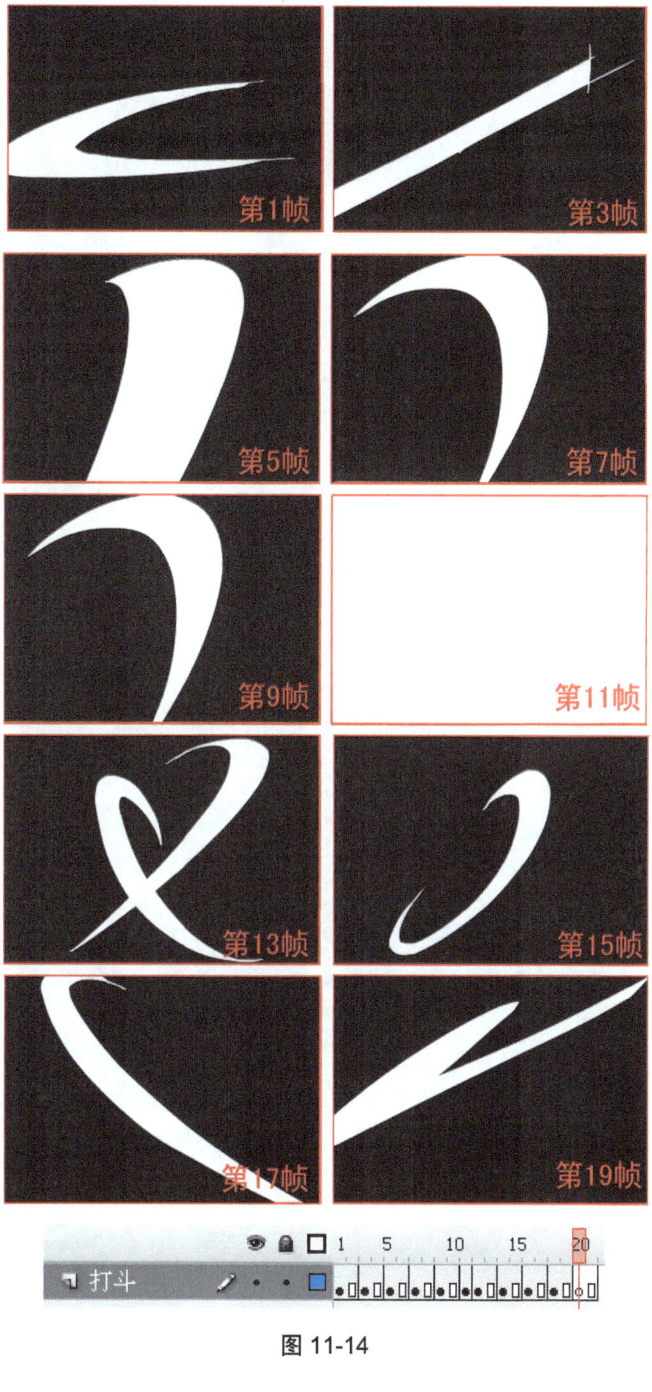

图 11-14

★ 11.4 抽打特效

抽打的特效相比打斗的特效更加有规律,节奏感更强。设置动画每秒播放 24 帧,如图 11-15 所示。

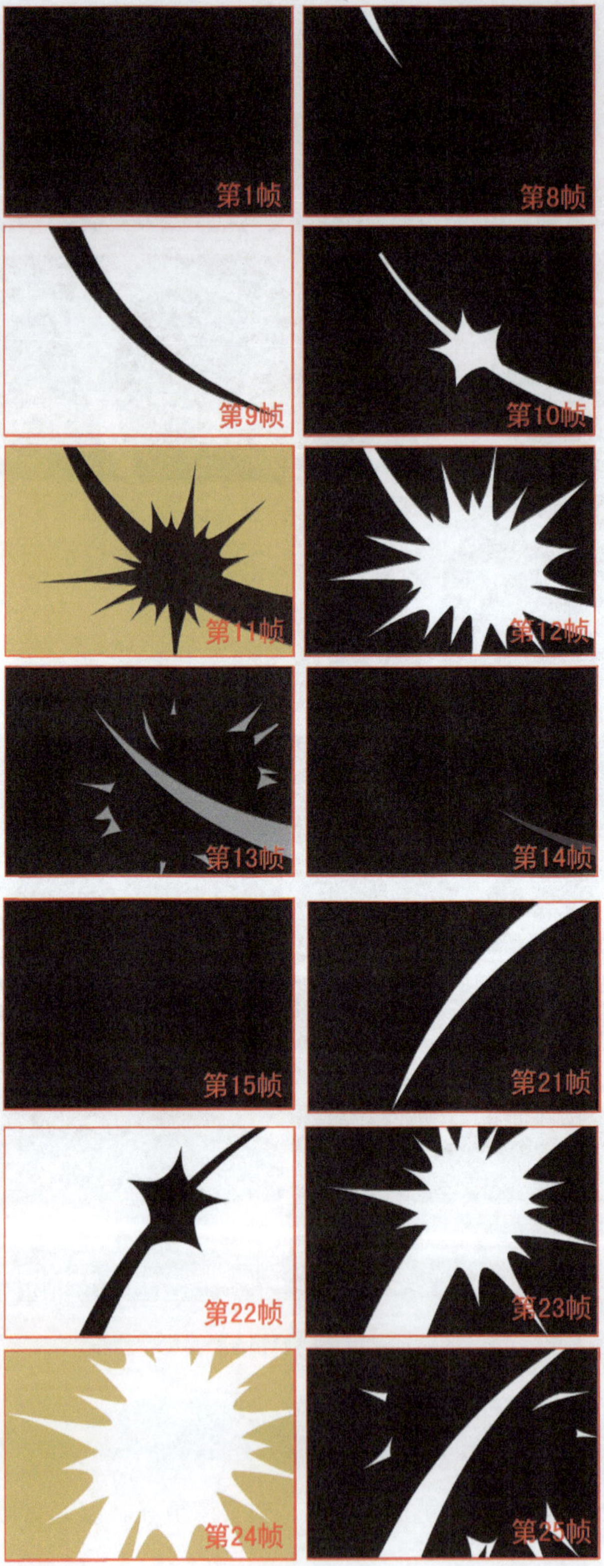

图 11-15

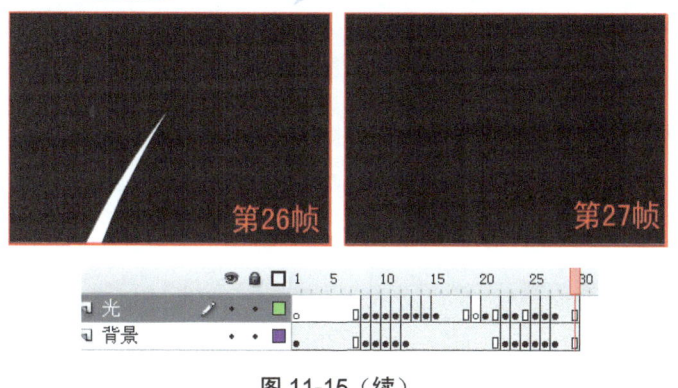

图 11-15（续）

★11.5 撞击特效

人物或物体发生碰撞，产生强光、晕眩的效果。设置动画每秒播放 24 帧，如图 11-16 所示。

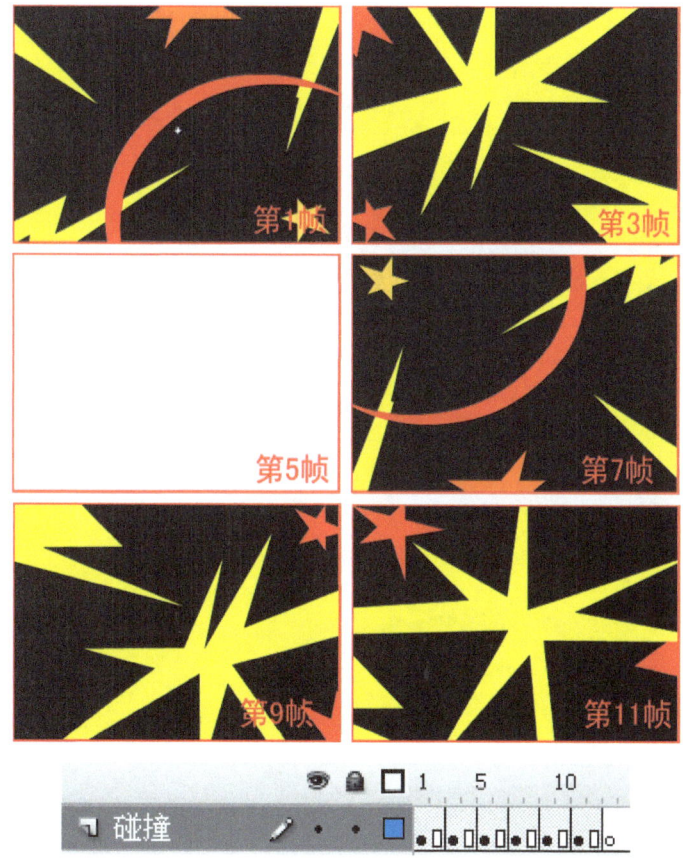

图 11-16

★ 11.6 喷火特效

设置动画每秒播放 24 帧，喷火特效如图 11-17 所示。

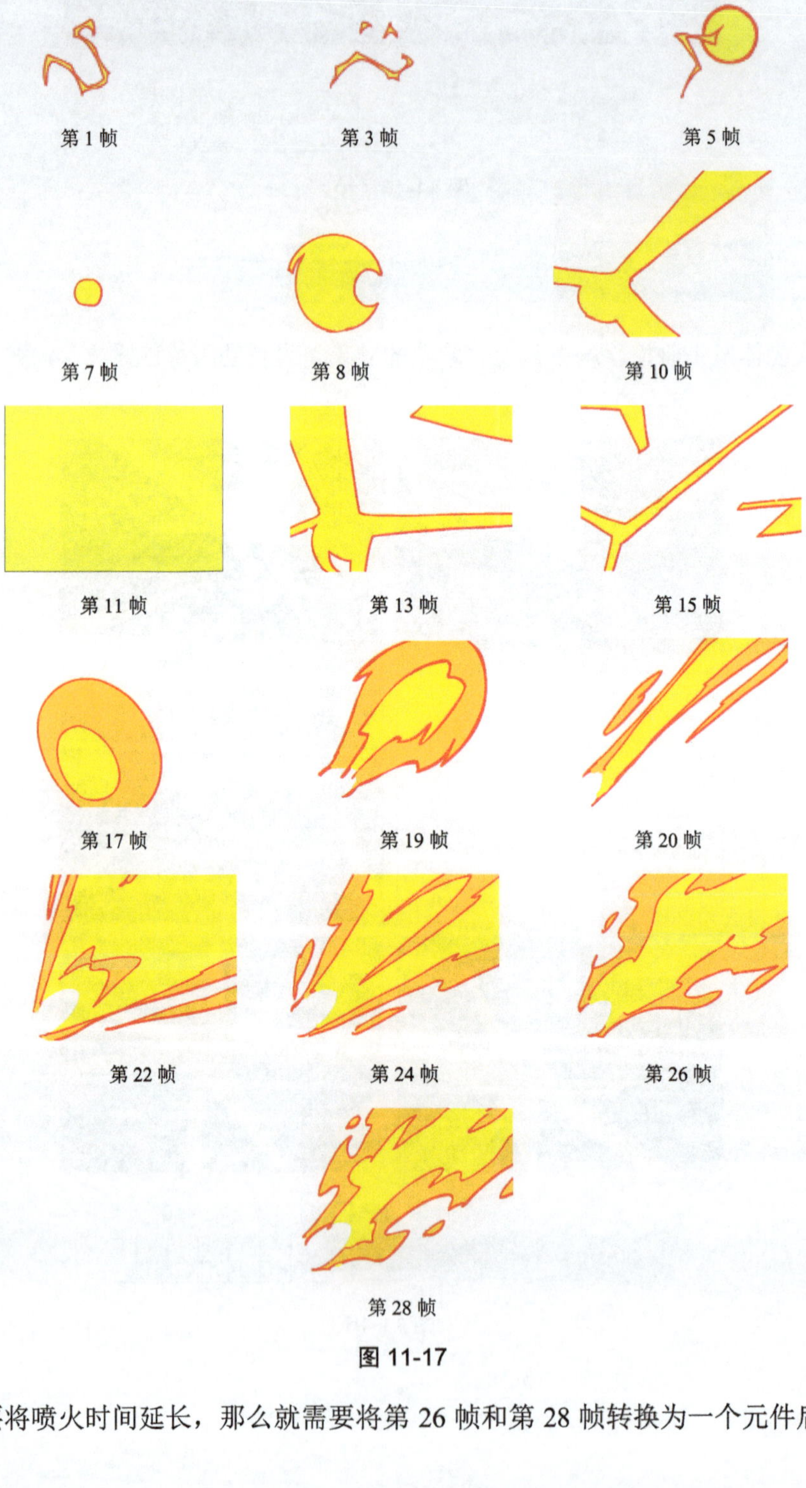

第 1 帧　　　　第 3 帧　　　　第 5 帧

第 7 帧　　　　第 8 帧　　　　第 10 帧

第 11 帧　　　　第 13 帧　　　　第 15 帧

第 17 帧　　　　第 19 帧　　　　第 20 帧

第 22 帧　　　　第 24 帧　　　　第 26 帧

第 28 帧

图 11-17

如果要将喷火时间延长，那么就需要将第 26 帧和第 28 帧转换为一个元件后放到第 24

帧后面,插入帧,向后延长时间轴即可。

★ 11.7 光芒特效

光芒特效可以烘托出一些特写镜头和角色内心发生的变化,多用于开心、高兴、奋斗等。设置动画每秒播放 24 帧,如图 11-18 所示。

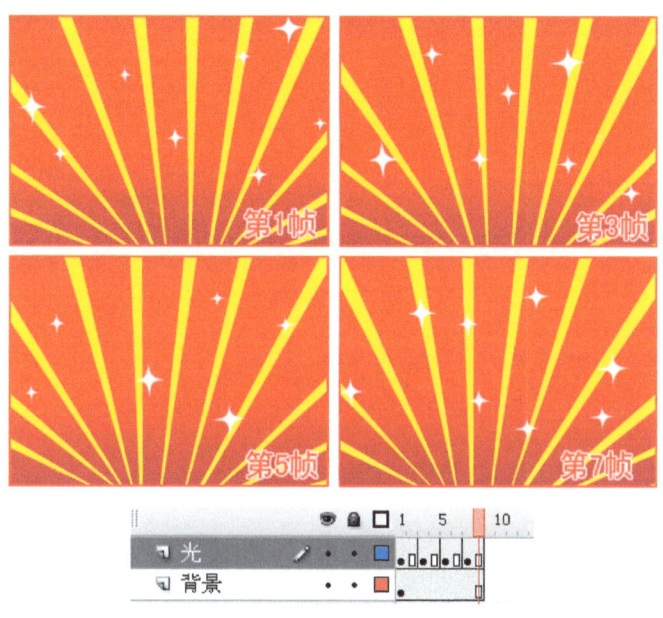

图 11-18

★ 11.8 电击充屏特效

设置动画每秒播放 24 帧,效果图如图 11-19 所示。

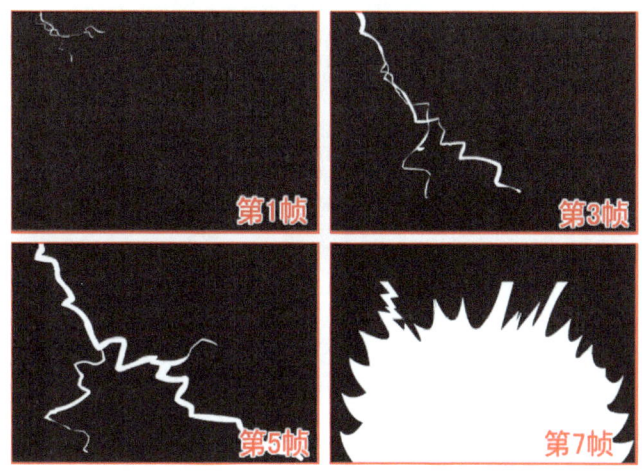

图 11-19

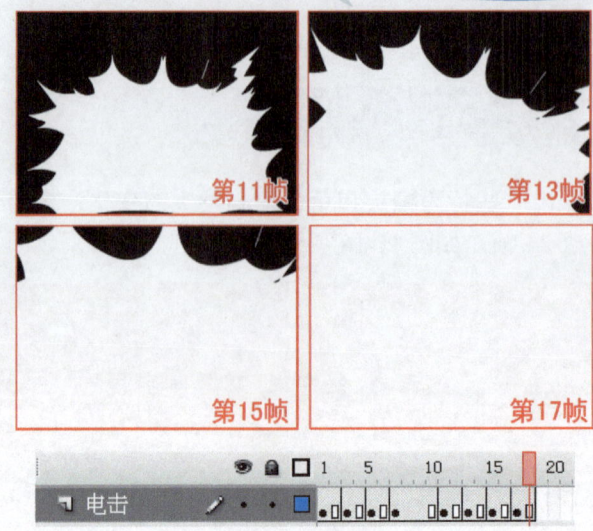

图 11-19（续）

★ 11.9 爆炸后的烟雾驱散

设置动画每秒播放 24 帧，效果图如图 11-20 所示。

图 11-20

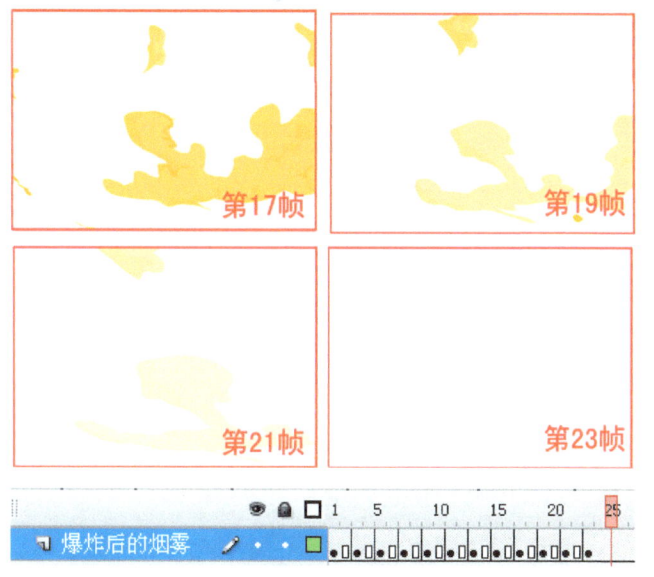

图 11-20（续）

11.10 恐怖的效果

设置动画每秒播放 24 帧

1) 按快捷键<Ctrl+F8>创建一个元件，在这个元件中用一拍二的方式制作一个特效，如图 11-21 所示。

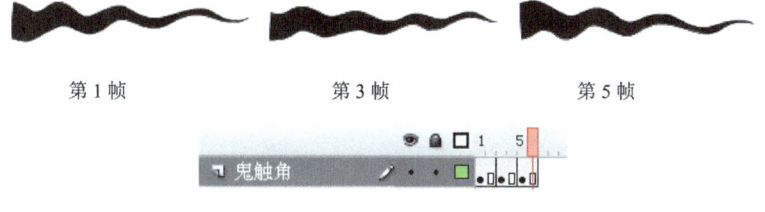

图 11-21

2) 返回舞台，绘制一个放射状填充的背景，如图 11-22 所示。

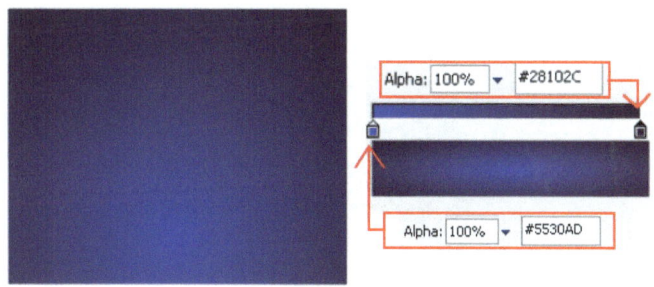

图 11-22

3) 将元件拖动到舞台上，并复制多个围绕着填充背景，组成一个圆，如图 11-23 所示。

163

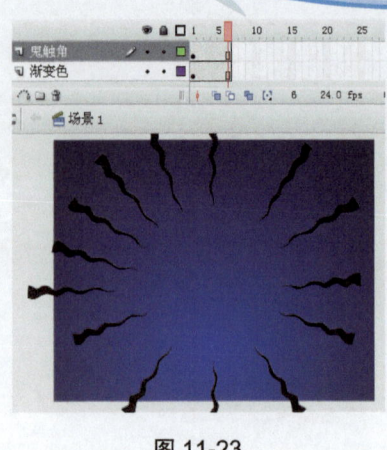

图 11-23

4) 还可以更改每个元件的第一帧起始位置,增强动画效果,如图 11-24 所示。

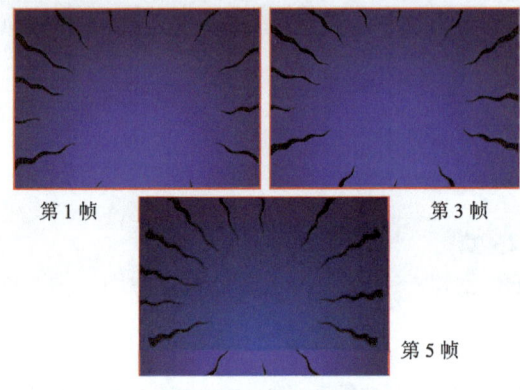

图 11-24

★11.11 烟雾遮屏

设置动画每秒播放 24 帧,用补间动画的形式制作,烟雾遮屏。

1) 在舞台上绘制一朵乌云,如图 11-25 所示。

图 11-25

2) 将乌云转换为元件,将它复制 3 个,分别放置在舞台的 4 个角落,并将大小稍作调整,如图 11-26 所示。

图 11-26

3) 选中 4 个乌云,右击鼠标执行分散到图层命令。将它们分散到 4 个图层,如图 11-27 所示。

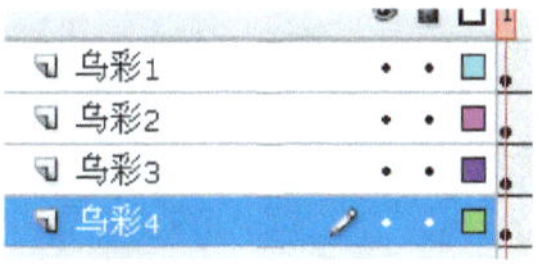

图 11-27

4) 在时间轴的第 40 帧处插入关键帧,将云彩调节至遮住屏幕,并创建补间动画,如图 11-28 所示。

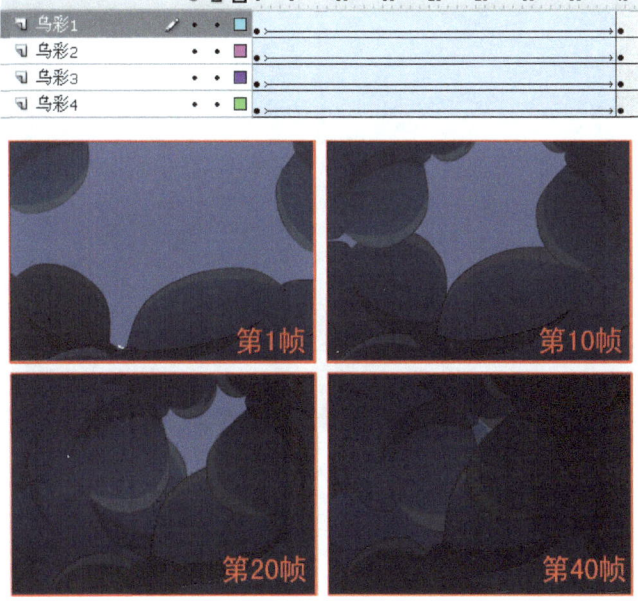

图 11-28

★ 经典特效欣赏

效果图如图 11-29 所示。

图 11-29

第 12 章　原画的展示

角色的立体展示

效果图如图 12-1 所示。

图 12-1

在设计角色形象的时候，绘制出以上 7 个角度就算比较完整了。如果要简单一些，也要具备正面、侧面、背面 3 个视图。才能完成最基本的动画，如"快乐驿站"中的角色。

给角色"凸凸驴"加入眼睫毛、蝴蝶结和红脸蛋后，变为了女性角色"噜噜驴"，如图 12-2 所示。

图 12-2

12.1 特效背景的展示

特效背景效果图如图 12-3～图 12-9 所示。

图 12-3

图 12-4

图 12-5

图 12-6

图 12-7

图 12-8

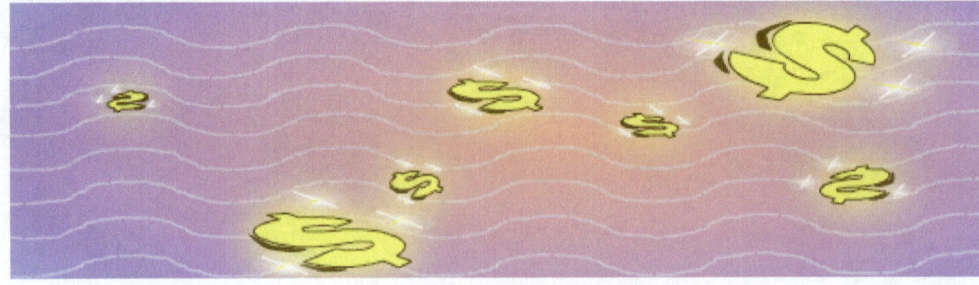

图 12-9

★ 12.2 意向背景的展示

意向背景是不存在的，是人们凭着想象力，绘制出来的一些天马行空的特效背景，下面就给大家展示一些意向背景，如图 12-10～图 12-19 所示。

图 12-10

图 12-11

图 12-12

图 12-13

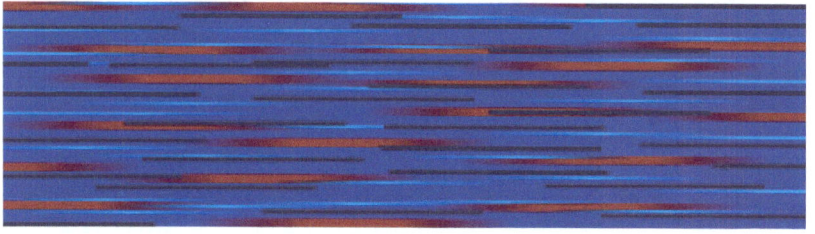

图 12-14

图 12-15

图 12-16

图 12-17

图 12-18

图 12-19

★ 12.3 道具、物品的展示

日常用品

效果图如图 12-20、图 12-21 所示。

图 12-20

第12章 原画的展示

图 12-21

食物

效果图如图 12-22 所示。

图 12-22

家具

效果图如图 12-23 所示。

图 12-23

第12章 原画的展示

瓶、罐、装饰物

效果图如图 12-24 所示。

图 12-24

工具、炸弹

效果图如图 12-25 所示。

图 12-25

交通工具

效果图如图 12-26 所示。

图 12-26

花草

效果图如图 12-27 所示。

图 12-27